西洋菜

學名：*Nasturtium officinale*，十字花科西

主要營養成分：維生素C、鈣、碳

功效：解膩、幫助消化

西洋菜又名水芥菜、豆瓣菜。口感脆嫩清爽，可生食，常用來做沙拉或三明治。在台灣市面上的販售量較小。

毛豆就是未成熟時採收的大豆，是夏天必吃的小點。兼具大豆的富含蛋白質，與黃綠色蔬菜富含β-胡蘿蔔素、維生素C的雙重優點。毛豆含有能促進代謝的維生素B_1，有預防酒醉的功效。以鹽水燙熟後可當下酒菜。

毛豆

Edamame

學名：*Glycine max* ・豆科大豆屬

主要營養成分：蛋白質、維生素A、β-胡蘿蔔素、維生素B_1、葉酸

功效：改善便祕、緩和更年期障礙

Fig 無花果

學名：*Ficus carica Linn*，桑科榕屬

主要營養成分：鉀、鈣、葉酸、膳食纖維

功效：促進消化、改善便祕、預防高血壓

無花果曾在舊約聖經中出現過，相傳是人類最古老的栽培作物之一。含有幫助三大營養素（蛋白質、澱粉、脂肪）分解的消化酵素，但要注意倘若加熱超過60度，酵素將無法發揮作用。

String bean
四季豆

學名：*Phaseolus vulgaris*，豆科菜豆屬
主要營養成分：維生素A、β-胡蘿蔔素、維生素B_2、鈣、磷
功效：改善便祕、恢復疲勞、預防動脈硬化

四季豆如同其別稱「菜豆」一般，同時具有豆類與蔬菜的特質，營養相當均衡。烹調前要將筋絡細心拔除。由於四季豆含有毒素，恐導致頭暈、嘔吐等中毒症狀，因此一定要用高溫完全煮熟才能食用。

四角豆

Four-angled Bean

學名：*Psophocarpus tetragonolobus*・豆科豆菜屬

主要營養成分：鎂、錳、膳食纖維

功效：預防心血管疾病、助消化

四角豆外型如展翅般延伸出皺褶，又名翼豆。雖然台灣較不常見，但全世界已有70多個國家在進行栽培。其營養均衡、口感脆甜，連豆莢都可以食用。

Bell Pepper
甜椒

學名：*Capsicum annuum var. grossum*

茄科辣椒屬辣椒的變種

主要營養成分：維生素A、β-胡蘿蔔素、辣椒素

功效：紅色色素中所含的辣椒素，有抗氧化、防癌、預防老化的作用。

Lettuce 紅萵苣

學名：*Lactuca sativa*・菊科萵苣屬

主要營養成分：維生素C、鉀

功效：抗氧、防癌症、增強免疫力

口感爽脆，很常用於生菜沙拉。一般常見的萵苣為如同高麗菜般的結球萵苣，圖中的紅萵苣則為皺葉萵苣的一種。因為用菜刀切容易變色，處理時用手撕開即可。

綠辣椒

學名：*Capsicum annuum*，茄科辣椒屬

主要營養成分：維生素A、β-胡蘿蔔素

功效：抑制肥胖、預防動脈硬化

辣椒原產於美洲，種類豐富，有著各種不同的大小與顏色。其共通的辣味成分「辣椒素」，可以幫助促進新陳代謝、燃燒體脂。一般來說紅色的品種較綠品種辣，降脂的效果更佳。

Mango 芒果

芒果產於熱帶地區，為了抵禦強烈紫外線，擁有極佳的抗氧化成分。需要催熟，保存放在常溫中即可。成熟後不但果肉變軟、香氣增強，而且β-胡蘿蔔素也會增加。

學名：*Mangifera indica*，漆樹科芒果屬

主要營養成分：鉀、β-胡蘿蔔素、維生素E、膳食纖維

功效：改善便祕、防癌

Potato 馬鈴薯

學名：*Solanum tuberosum*，茄科茄屬

主要營養成分：鉀、維生素C

功效：抗氧、整腸、預防高血壓

馬鈴薯以澱粉為主要成分，世界上有許多地方是以馬鈴薯為主食。馬鈴薯富含維生素C，維生素C是水溶性，在調理中很容易流失，但馬鈴薯含有豐富的澱粉，可保護維生素C不被破壞。烹煮需冷水時就入鍋，如此可縮短表裡受熱的時間差，以防澱粉與營養素流失。馬鈴薯若是輕微發芽，或是表皮變成綠色，此部分含有名為茄鹼的有毒成分，烹調前請一定要去除。若已佈滿芽眼，建議不要食用。

學名：*Solanum melongena*，茄科茄屬
主要營養成分：鉀、膳食纖維、龍葵素
功效：預防眼睛疲勞、預防癌症

茄子百分之90以上成分是水，熱量較低，不過因為具有吸油性，用油烹調容易變成高熱量。然而其防癌成分龍葵素是水溶性的，油份反而可在表面形成保護膜，減少營養損失。此外茄子表皮的深紫色來自於花青素，可以幫助改善眼睛疲勞。圓茄為短圓型的茄子，因引種於日本，故又稱日本茄。

Carrot
胡蘿蔔

學名：*Daucus carota subsp. sativus*，繖形科胡蘿蔔屬

主要營養成分：維生素A、β-胡蘿蔔素、鉀、膳食纖維

功效：保護皮膚黏膜、預防動脈硬化

胡蘿蔔所含的β-胡蘿蔔素是脂溶性，與油脂共同調理能增加吸收率。β-胡蘿蔔素在體內可以轉換為維生素A(維生素A前驅體)，進而能保護皮膚黏膜，增強抵抗力、預防感冒，還能改善青春痘化膿的症狀。

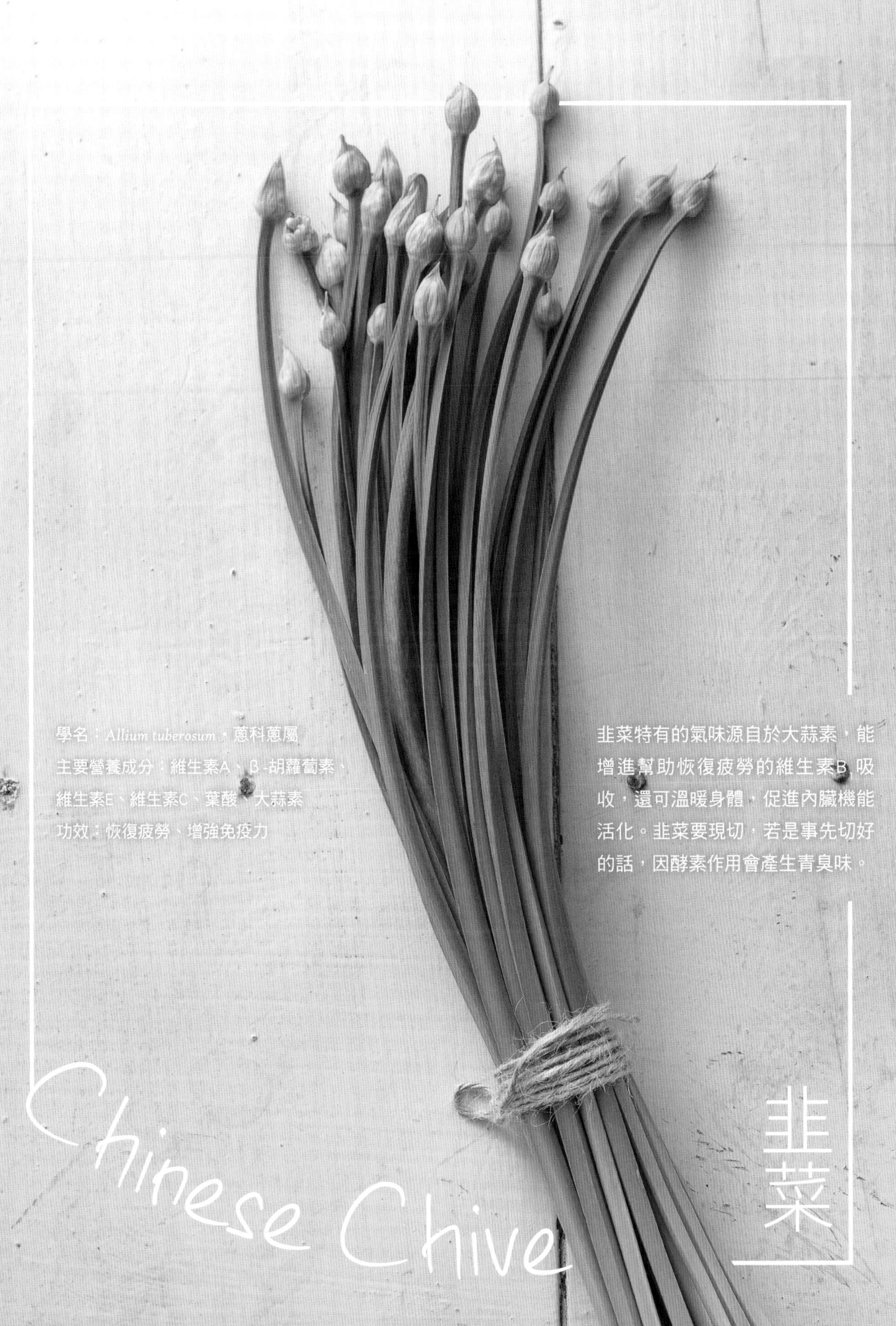

韭菜 Chinese Chive

學名：*Allium tuberosum*，蔥科蔥屬

主要營養成分：維生素A、β-胡蘿蔔素、維生素E、維生素C、葉酸、大蒜素

功效：恢復疲勞、增強免疫力

韭菜特有的氣味源自於大蒜素，能增進幫助恢復疲勞的維生素B_1吸收，還可溫暖身體，促進內臟機能活化。韭菜要現切，若是事先切好的話，因酵素作用會產生青臭味。

櫛瓜

Zucchini

熱量低且口味清淡，很適合各種料理，常見於義大利的蔬菜湯之中。

學名：*Cucurbita pepo*．葫蘆科南瓜屬

主要營養成分：維生素A、β-胡蘿蔔素、維生素C、維生素K、鉀

功效：調節自律神經、預防動脈硬化

Lemon Grass

香茅

學名：*Cymbopogon citratus*・禾本科香茅屬
主要風味成分： 檸檬醛、香葉醇、芳香醇
功效：幫助消化、舒緩情緒、抗菌

香茅原產於印度南部及斯里蘭卡，在阿育吠陀中曾記載用來治療感染症狀。香茅具有檸檬的香氣，能夠增進食慾，並幫助提升消化器官機能，是泰式與越南料理中常見的香料。香茅的葉芽粗硬，只有莖的下部較軟可食用。

Perilla
紫蘇

學名：*Perilla frutescens*・唇形科紫蘇屬

主要風味成分：檸檬烯、紫蘇醛

功效：抗氧化、殺菌

紫蘇除了葉之外，果實和花穗皆可食用。殺菌力強，日本人在食用生魚片時常會搭配紫蘇。

學名：*Thymus vulgaris* 脣形科百里香屬

主要風味成分：芳香醇、菠烯、異丙基甲苯

功效：抗菌、去腥、消除疲勞

百里香 Thyme

百里香具有振奮精神、提升體力的效果。

在中世紀的歐洲，百里香被視為勇氣的象徵。

學名：*Mentha*，脣形科薄荷屬

主要風味成分：菠烯、檸檬烯、左旋香旱芹酮

功效：抗菌、減緩口臭、提振精神

薄荷早在希臘時期就被製成香料使用，因受熱會變質，較少用來烹煮。

奧勒岡很常用在披薩當中，風味與番茄、乳酪很搭。

學名：*Origanum vulgare*・唇形科牛至屬

主要風味成分：香旱芹酚

功效：抗菌、消除疲勞

奧勒岡 Oregano

日々吃得很清新

勃攸老師的自然蔬食廚房

林勃攸 著／璞真奕睿 攝影

瑞昇文化

推薦序

Recommendation

這幾年深入食材產地，了解在台灣這塊福田寶地，有太多太多的美蔬鮮果，每一種蔬果又細分品種，產地風土，農友達人，交錯編織出一張豐美且多變的蔬果食單，不用擔心會吃膩，因為根本吃不盡呀！

勃攸出書為大家理出頭緒，餐飲實務與學術並重的他，既熟稔異國廚藝，也能親近產地，創作力正旺盛，看他設計菜單，左手組合蔬果香料，調配中西醬汁，右手使用新潮烹飪工具，搭配成熟火候技巧，行雲流水，好像譜寫輕快昂揚的交響樂，口味酸甜苦辣，時而清雅，時而濃郁，渾然天成，完全顛覆蔬食無趣，清淡的窠臼，真教人佩服他的靈感，萬蔬千果皆能成為信手好菜。

生態飲食在國際上蔚然成風，蔬食正站在浪頭上，勃攸看到了趨勢，他也從都會時尚男女的角度，挑選食色味型器，縮短備製時間，同時貼近理性與感性的需求，可以說是最潮的綠色食譜，擁有它，善用它，就能為自己和家人打造一個淨化身心靈的飲食，為朋友開一個符合時代潮流的蔬食派對，何樂而不為？

《我的美味地圖 - 發現台灣好食材》作者

趙敏風

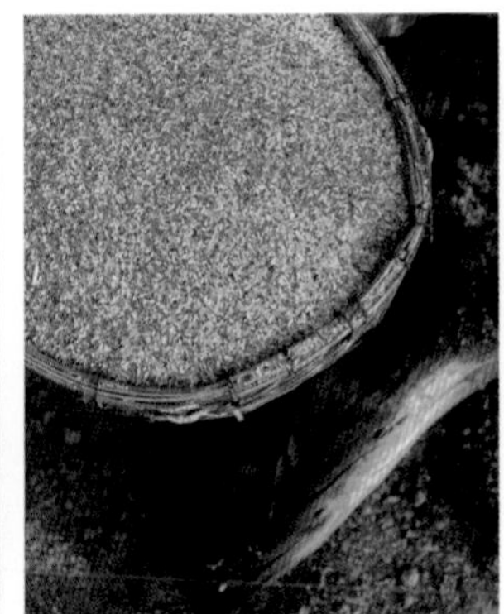

OBIKWA

編輯序

From the Editor

日々是好日

春有百花秋有月；夏有涼風冬有雪，
若無閒事掛心頭，便是人間好時節。

—— 宋・無門慧開禪師

還記得那一天接近春分，乍暖還寒的天氣。為了拍攝本書封面，我們偕同兩位攝影師、勃攸老師一行人來到北投山腰的元極有機蔬菓耕學農場。

停好車，改以步行拐進一條隱密小路，天空仍舊灰灰的，但眼前景色好像被迅速抽換道具佈景似的，立刻就把原本都市的喧嘩和煙塵隔絕在外，眼睛看到的是漫山的翠綠，吸入胸腔的是混和著泥土芳草的清新。不到十分鐘的山路，抵達一處木造平台，在這裡放眼眺望，可以將市區櫛比鱗次的樓宇盡收眼底。

農場主人薛女士熱情地招呼我們，並沿路隨興導覽。

剛開始，我們有點訝異於農場裡的「雜草叢生」，薛女士解釋說，前一陣子她出國去了，沒怎麼打理園子。但也沒見她犯愁的樣子，完全尊重植物們愛怎麼長就怎麼長，算是力行了「順其自然」的態度呢！

看看無人的山野林間，明明沒有人工施肥，卻年年自然而然地形成草地、發出新芽、開花結果，這完全是因為自然界長年累月形成的肥沃土壤。

土壤當中有許多種類的微生物活躍著，靠它們分解枯草、落葉、大小動物的骨骸等，醞釀培育新生命所需要的養分。是微生物讓自然生命週期持續不斷、生生不息。

「種植有機蔬菜的概念也是如此，必須讓田裡的土壤近似於山野的土壤，盡量依循自然法則來栽種。」薛女士說。

現代農業過度仰賴農藥，除了易造成水質、土壤污染以外，還可能把專吃害蟲的益蟲（天敵）都殺光光，或使害蟲或病原菌產生對農藥的抗藥性，這些對於我們生活周邊的大自然環境、生態體系都會造成沈重的負擔，甚至連農藥是否殘存於作物、吃下肚對健康的影響如何等……這些問題都使人相當擔憂。

元極農場顯而易見沒有這些問題存在，植物們在無毒的土壤裡恣意生長，一度被我們誤以為是雜草的植物，在主人的解說下，才知道原來都是極富營養與藥用價值的。有一株長得與人一般高的益母草，有著特殊香氣，摘下來炒菜煮湯，就是一帖調理女性體質極佳的良方。

走著走著，突然在石階旁看到一棵檸檬葉，呈深墨綠色，聞起來有近似檸檬等柑橘類的

清香，常用於泰式料理來增味。在台灣見到的檸檬葉多數是進口的乾燥品，那是由於氣候因素，在台灣本地不易種植。難得在這裡發現新鮮的檸檬葉，讓人有大大的驚喜！連主人也不知它是打哪兒來，什麼時候長出來的，想來是一棵種子隨風吹來，找到了適合發展的沃土，它就毫不客氣地紮下根，努力地生存下去，瞧，連植物也本能地選擇對自己友善的環境呢！

原本對蔬菜、香草植物就相當瞭解的勃攸老師，在這隨地都有寶、處處有驚喜的農場裡，也顯得興致盎然，他仔細地辨識植物特徵，聞聞手中香草的味道，高興地和薛女士交流栽培和營養成分的心得。

在這個樸實自在的環境裡，抓住陽光從雲層裡露臉的剎那，攝影師按下快門，將老師以「天地為廚」的野趣形象定格下來。

*　*　*

近年來，「蔬食料理」已漸漸為國人所熟悉與喜愛。在食安問題頻亮紅燈之後，民眾開始反思，如何讓已被化學製品麻痺的味蕾回歸清爽單純，也讓生活欲求更簡單一點兒。

本食譜即是秉持「日日吃得很清新，讓您清腸又清心」的概念來製作，具有以下四項特色：

20 幀食材圖鑑：

在放大版圖片上，特別能感受到食材撲面而來的鮮活，不妨細細觀察它的原始樣貌，再搭配營養成份解說，讓您進一步掌握食材特性。

70 道蔬食料理：

創新的菜色滿足了味覺，巧思的擺盤滿足了視覺，製作時的天然菜根香滿足了嗅覺，如果再加上一邊聆聽音樂一邊享受美食的感動，不啻為一道撩動五感神經的蔬菜料理……勃攸老師就是希望讀者朋友能體驗到，Cooking Time 可以是一件充滿創意發想、發現幸福泉源、調劑心靈的事情！

蔬果功效分析：

古希臘醫學之父希波克拉提斯曾這麼說：「讓食物成為我等之藥，讓藥物來自我等之食。」

蔬菜水果裡擁有人體所需的酵素、維生素、礦物質和膳食纖維，可說是大自然的恩賜。可參考本書的分類：美人料理．療癒料理．養生料理．簡單食堂，依照自己的身體狀況，選擇適合的菜色，進行天然食療法，讓自然的力量來療癒身心。

大幅田園風光：

感謝璞真、奕睿兩位攝影師，除了用心拍出一幀幀雅致的料理成品圖外，還特地為本書出了多次外景，拍攝自然田園照片，期待讀者在品味佳餚的同時，能連結到植物在陽光下欣欣生長的畫面，感受到那股蓬勃洋溢的生命力。

「蔬食料理」也許不若肉類海鮮料理這麼多繁複變化、這麼濃郁可口的食感，但它卻是真正能夠減輕負擔的食物——減輕身體負擔、減輕地球負擔、甚而減輕心靈負擔。正如禪師所言，若能以平常心看待紛擾的世事人情，不讓它一直罣礙在心頭，那麼日日就是好日，一成不變的作息也可以從中感受趣味，哪怕是清淡的蔬食，吃起來也是有滋有味呢！

Contents
目錄

Part 3
為健康打底的養生料理 94

Part 4
營養無負擔的簡單食堂 130

八種醬汁 *Eight Sauces*

「醬汁」在一道料理中往往起到畫龍點睛的作用，

在本書裡陸續上場的八種醬汁，在此先行介紹給您。

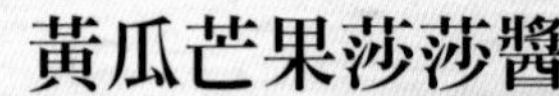

黃瓜芒果莎莎醬

材料：小黃瓜 40 公克、芒果 45 公克、紅辣椒 5 公克、香菜 5 公克。

調味料：米醋 30 毫升、味醂 10 毫升、橄欖油 90 毫升、鹽、白胡椒粉適量。

做法：

1 小黃瓜去籽切小丁。

2 芒果切小丁，紅辣椒、香菜切碎備用。

3 把 1 和 2 加在一起再加入調味料拌均勻成莎莎醬。

羅勒醬

材料：羅勒葉 80 公克、大蒜 10 公克、松子 20 公克。

調味料：乳酪粉 10 公克、橄欖油 100 毫升、鹽、白胡椒粉適量。

做法：

1 把羅勒葉洗淨擦乾備用。

2 大蒜去芯，松子烤至金黃色有香味備用。

3 將 1 和 2 放入調理機和調味料一起打成泥即可。

和風芥末籽醬

材料：芥茉籽醬 10 公克。

調味料：醬油 50 毫升、味醂 20 毫升、檸檬汁 10 毫升。

做法：

1 將芥末籽醬和醬油拌均勻再加入味醂、檸檬汁即可。

芥末白酒醬

材料：芥末籽醬 20 公克。

調味料：白酒醋 30 毫升、橄欖油 90 毫升、鹽、白胡椒粉適量。

做法：

1 將芥末籽醬和鹽、白胡椒粉混合再加入白酒醋。

2 最後拌入橄欖油攪拌均勻即可。

百香果蜂蜜醬

材料：百香果肉 60 公克。

調味料：萊姆酒 10 毫升、蜂蜜 30 毫升。

做法：

1 將萊姆酒、百香果肉、蜂蜜拌一起即可。

黃芥末美乃滋

材料：黃芥末 10 公克。

調味料：美乃滋 80 公克、檸檬汁 10 毫升、鹽、白胡椒粉適量。

做法：

1 將鹽、白胡椒粉和黃芥末拌一起，再加入美乃滋、檸檬汁即可。

蒜香藍紋乳酪醬

材料：藍紋乳酪 60 公克、去皮大蒜 30 公克、鮮奶 150 毫升。

調味料：鮮奶油 30 公克、白胡椒粉適量。

做法：

1 取一只鍋放入鮮奶油加入去皮大蒜，以慢火煮至大蒜熟透拿起搗成泥備用。

2 再把藍紋乳酪、鮮奶油和大蒜泥、白胡椒粉拌在一起即可。

香草油醋醬

材料：荷蘭芹 5 公克、薄荷 5 公克、蝦夷蔥 5 公克、紅辣椒 3 公克。

調味料：檸檬汁 20 毫升、橄欖油 60 毫升、鹽、白胡椒粉適量。

做法：

1 紅辣椒去籽，荷蘭芹、薄荷、蝦夷蔥切成碎。

2 調味料拌成醬汁加入 1 拌均勻即可。

美人料理 *Beauty Food*

女生們辛苦了！能量發散於職場與家庭兩端，換得工作成就和家人的幸福笑容，在一個不留神間，青春容顏和窈窕身材已悄悄起了變化。

熬夜、吃東西不定時定量，都會消耗體內的酵素，影響代謝能力，如果不適時進行酵素補充，身體將陷入「代謝變差」→「脂肪燃燒不全」→「變得容易肥胖」的惡性循環中。

富含食物酵素的生鮮蔬菜，正是「打造窈窕體質」&「容光煥發」的關鍵，本單元設計專屬蔬食料理，送給每個值得用心呵護的女生。

番茄所具有的茄紅素，
具有很強的抗氧成分，
能幫助皮膚抵抗紫外線。
而且茄紅素的耐熱性強，
即使高溫燒烤也不受影響。

焗烤番茄塔

Tomato casserole

材料

牛番茄 2 粒
大蒜 10 公克
羅勒葉 3 葉
橄欖油 30 毫升

調味料

乳酪粉 20 公克
鹽 適量
白胡椒粉 適量

1 牛番茄洗淨切成 0.5 公分片狀。

2 大蒜、羅勒葉切碎。

3 每片牛番茄上撒大蒜、羅勒葉碎，再撒上鹽、白胡椒粉、乳酪粉調味，之後一層一層疊起。

4 約疊四層，最後淋上橄欖油入烤箱，以 200 度烤 5 分鐘即完成。

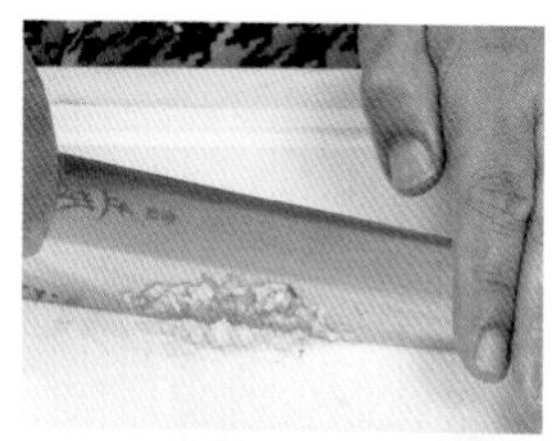

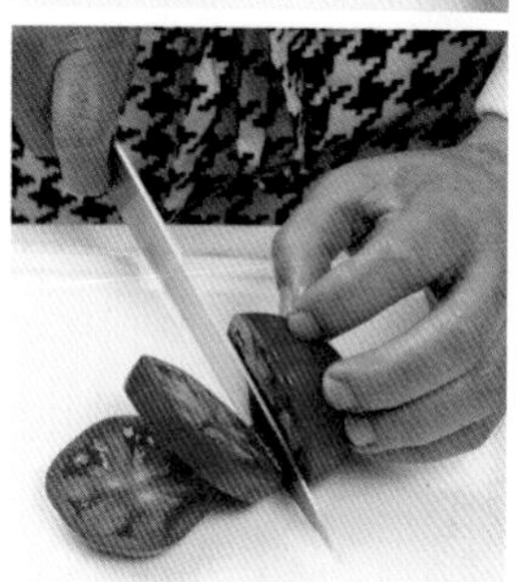

Tips

焗烤的溫度要高，不然溫度太低牛番茄很容易出水。

Poached eggs in red wine sauce

紅酒水波蛋襯鮮蔬

材料

雞蛋	3 顆
美生菜	80 公克
紫高苣	50 公克
羅莎生菜	60 公克
苜蓿芽	20 公克
小番茄	20 公克

調味料

紅酒	500 毫升
鹽	適量
白胡椒粉	適量
橄欖油	30 毫升

1 把紅酒放入小鍋後，加鹽、白胡椒粉煮開。

2 從鍋子邊慢慢加入雞蛋，讓蛋白包著蛋黃定形後再把雞蛋撈起。

3 最後把美生菜、紫高苣、羅莎生菜、苜蓿芽、小番茄放在盤子上，再把紅酒水波蛋放上，最後淋上橄欖油即完成。

Tips

煮開的紅酒放入雞蛋後，火勿開太大，否則蛋會很容易散掉，不能定形。

紅酒中所含的酚類化合物能抗衰老，酒精可促進血液循環使氣色佳。

哈密瓜、奇異果[illegible]……
等水果類富含維生素[illegible]
有助膠原蛋白生成，
具防止肝斑、雀斑的效果。

綜合水果襯鮮乳酪

Mixed fruit with cheese

材料

西瓜 30 公克
奇異果 30 公克
哈密瓜 30 公克
蘋果 30 公克
鮮乳酪 50 公克

調味料

蜂蜜 50 毫升
陳年醋 30 毫升

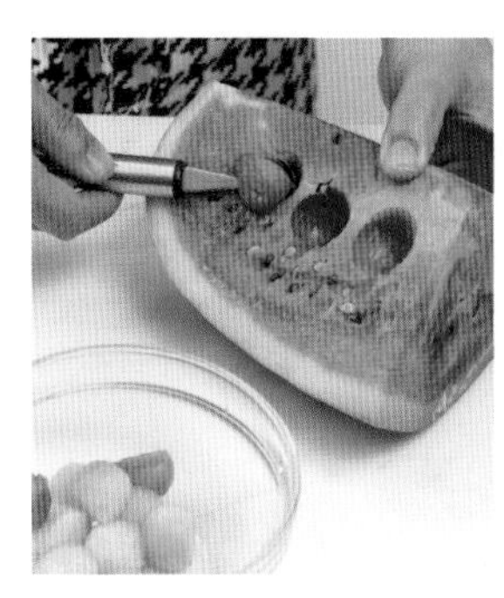

1 把所有水果用挖球器挖成球狀。（可以把哈密瓜內部挖空當作盛裝器，或用普通碗盤盛裝亦可。）

2 將蜂蜜和陳年醋拌在一起。

3 挖一杓鮮乳酪放在水果球上，再淋上蜂蜜陳年醋即完成。

Tips

如沒有挖球器，可用刀將水果切成四方形小塊亦可。

薏仁佐鮮蔬

Pearl barley with vegetable

材料

薏仁	60 公克
洋蔥	20 公克
西洋芹	15 公克
紅蘿蔔	20 公克
白蘿蔔	20 公克
蒜苗	20 公克
荷蘭芹	5 公克
水	80 毫升
橄欖油	20 毫升

調味料

鹽	適量
白胡椒粉	適量

1 薏仁洗過泡溫水半小時，瀝乾水份備用。

2 洋蔥、西洋芹、紅蘿蔔、白蘿蔔、蒜苗都切小丁。

3 荷蘭芹切碎。

4 起鍋加入橄欖油以中火炒香②，再加入①拌炒。

5 以鹽、白胡椒粉調味，再加入水炒至所有蔬菜和薏仁熟透，最後放入荷蘭芹碎即完成。

薏仁是最不容易炒熟的，所以一定要先泡過溫水再煮，如此烹煮的時間就不會太長。

薏仁幫助改善皮膚粗糙、
細紋與黑斑。

苦瓜退火解毒，
可改善青春痘的症狀。

Braised bitter gourd in soy sauce

涼瓜煮

材料

苦瓜　160 公克
話梅　2 粒

調味料

水　450 毫升
薄鹽醬油　100 毫升
糖　50 公克
味醂　50 毫升

1 苦瓜洗淨，去籽切成塊狀備用。

2 調味料全部煮過後，再放入苦瓜塊、話梅，煮約 15 分鐘，之後加蓋熄火燜 20 分鐘即完成。

Tips

加蓋燜的時間勿太久，不然會太軟。

黃豆芽富含維他命C與膳食纖維，
可改善皮膚粗糙。

炒黃豆芽拌綜合鮮蔬

Bean Sprouts stir-fry

材料

黃豆芽	100 公克
白蘿蔔	30 公克
紅蘿蔔	30 公克
小黃瓜	30 公克
青蔥	15 公克

調味料

橄欖油	30 毫升
白醋	20 毫升
白芝麻	5 公克
糖	5 公克
鹽	適量

1 黃豆芽水煮，煮沸後立即瀝乾放涼。

2 白蘿蔔、紅蘿蔔、小黃瓜切成絲。

3 青蔥切蔥花。

4 起鍋加入橄欖油炒香白蘿蔔、紅蘿蔔、小黃瓜絲和黃豆芽。

5 再加入白醋、糖、鹽拌均勻，最後加入蔥花和白芝麻即完成。

Tips

如不喜歡黃豆芽可改成自己喜歡的蔬菜亦可。

洛神花可增加皮膚保水度，
使臉色紅潤。
鳳梨含有豐富的維他命，
能幫助淡化色斑。

洛神花蜜鳳梨

Pineapple in roselle

材料

鳳梨	160 公克
洛神花	30 公克
新鮮迷迭香	5 公克
話梅	2 粒

調味料

水	250 毫升
白酒	100 毫升

1 鳳梨去皮去芯切塊備用。

2 將白酒倒入鍋中，先煮開後加入水、洛神花、話梅約煮 20 分鐘，後加入鳳梨塊、新鮮迷迭香再煮約 20 分鐘後關火，泡約 1 小時即完成。

Tips
鳳梨煮過後一定要泡過才會入味。

銀耳充滿膠質，
能潤滑肌膚。
無花果含有抗氧物質
以及雌性激素，
可以延緩肌膚老化。

冰糖銀耳燉無花果

White fungus dried figs soup

材料

新鮮無花果 120 公克
銀耳（白木耳） 60 公克
枸杞 5 公克

調味料

冰糖 45 公克
水 350 毫升

1 準備電鍋備用。

2 先將新鮮無花果、銀耳洗淨，銀耳再用手撕碎。

3 將冰糖、②的材料與枸杞加入水中，再一同放入電鍋裡燉。

4 約燉 15 分鐘即完成。

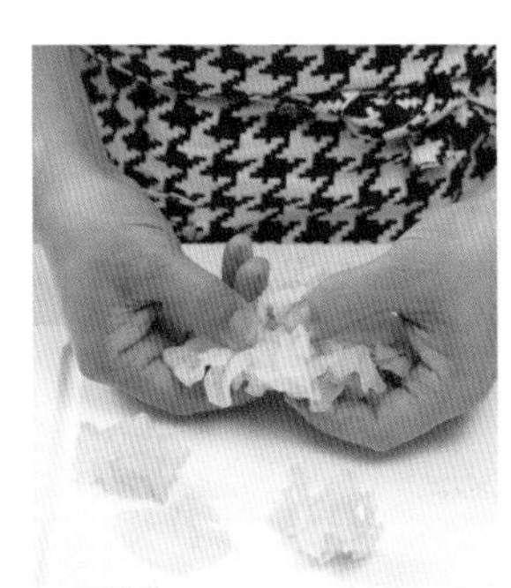

Tips

如沒電鍋，可用瓦斯爐以小火慢煮，口味跟用電鍋燉的一樣。

洋芋（馬鈴薯）主要成分為澱粉，但熱量比飯、麵都低，減肥時建議可以水煮馬鈴薯當主食。適量攝取橄欖油，能增加飽足感，反而對瘦身有益。

小洋芋拌小番茄佐芥末白酒醬

Potato mixed tomato in prepared mustard

1. 小洋芋用水煮約 15 分鐘，熟後切成兩半。
2. 小番茄一樣切兩半，荷蘭芹切碎。
3. 將調味料的所有食材攪拌成醬汁。
4. 再把小洋芋、小番茄加醬汁拌均勻，最後撒上荷蘭芹碎即完成。

Tips 小洋芋可用電鍋蒸熟，省時又不用在爐邊盯著看。

材料

小洋芋	120 公克
小番茄	60 公克
荷蘭芹	5 公克

調味料

芥末籽醬	20 公克
白酒醋	30 毫升
橄欖油	90 毫升
鹽	適量
白胡椒粉	適量

櫛瓜熱量低，每 100g 中所含熱量僅 14kcal，
且富含礦物質與維生素。

櫛瓜番茄塔 *Zucchini and tomato*

1 綠櫛瓜洗淨切成 0.3 公分片。

2 牛番茄去蒂切約 0.5 公分片。

3 把綠櫛瓜片排在牛番茄片上約堆疊 4 層。

4 在每一層灑上鹽、白胡椒粉和乳酪粉，淋上橄欖油入烤箱，以 180 度烤約 10 分鐘即完成。

材料

綠櫛瓜 80 公克
牛番茄 100 公克
乳酪粉 15 公克
橄欖油 30 毫升

調味料

鹽 適量
白胡椒粉 適量

Tips

如果買不到綠櫛瓜，可用小黃瓜來代替，
口感略有差別，讀者可憑個人喜好選擇。

冬瓜 95% 是水分，熱量很低。
黑木耳富含吸水會膨脹的果膠，
能增加飽腹感，且可幫助減少油脂的吸收。

冬瓜木耳燴鳳梨

White gourd and black fungus stew pineapple

材料

冬瓜 100 公克
黑木耳 60 公克
鳳梨 50 公克
薑 10 公克
橄欖油 20 毫升

調味料

梅林醬油 20 毫升
白醋 30 毫升
糖 20 公克
鹽 適量
水 100 毫升

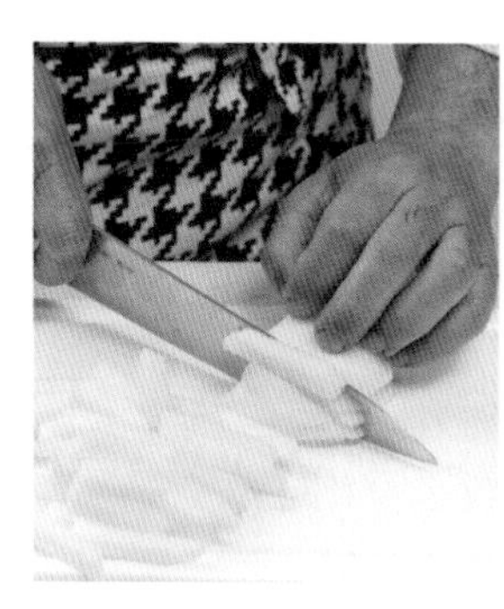

1. 冬瓜去皮切片再切粗絲。
2. 黑木耳洗淨切粗絲，鳳梨去皮切粗絲，薑去皮切細絲備用。
3. 加入橄欖油以中火炒香薑絲，加入冬瓜、黑木耳、鳳梨拌炒。
4. 再把調味料加入，煮約 5 ～ 8 分鐘至入味即完成。

Tips

黑木耳買新鮮或乾燥都可，但乾燥的黑木耳一定要先泡水讓黑木耳軟化。

芒果含膳食纖維可改善便秘，
辣椒所含的辣椒素能促進新陳代謝，
預防肥胖。

材料

芒果	120 公克
青辣椒	10 公克
紅辣椒	10 公克
大蒜	5 公克
香菜	5 公克

調味料

鹽	適量
黑胡椒粗粉	適量

涼拌香芒 *Mango salad*

1. 芒果去皮切成四方塊。
2. 青、紅辣椒去籽和大蒜、香菜切成碎。
3. 在①加入②、鹽、黑胡椒粗粉拌均匀即完成。

Tips 不限定哪種芒果，只要新鮮、味道不酸即可。

蒟蒻富含膳食纖維，
且熱量低，能增加飽食感。

材料

蒟蒻條 200 公克
新鮮香菇 30 公克
黑木耳 30 公克
洋蔥 50 公克
胡蘿蔔 20 公克
豆芽菜 50 公克
香菜 5 公克

調味料

醬油 30 毫升
水 100 毫升
糖 10 公克
鹽 適量
白胡椒粉 適量
橄欖油 30 毫升

Konnyaku with vegetable

鮮蔬蒟蒻條

1 蒟蒻條泡水去除鹼味。

2 新鮮香菇、黑木耳、洋蔥、胡蘿蔔都切絲。

3 起鍋放入橄欖油炒香洋蔥、胡蘿蔔、黑木耳、香菇、蒟蒻條。

4 再放入醬油嗆鍋，提出醬油香味後，加入水、糖、鹽、白胡椒粉拌勻。

5 最後加入豆芽菜、香菜即完成。

Tips

浸泡蒟蒻時要多換幾次水，鹼味才會去除，或用流動的水去沖洗。

三色筊白筍

Stir-fry water shoots

材料

筊白筍　160 公克
胡蘿蔔　80 公克
中芹　50 公克
嫩薑　10 公克
紅辣椒　5 公克

調味料

鹽　適量
白胡椒粉　適量
香油　20 毫升

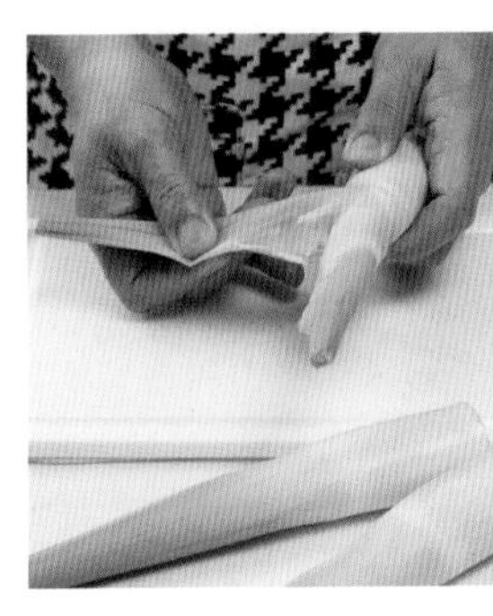

1 筊白筍、胡蘿蔔去皮切片、中芹去葉切段。

2 嫩薑、紅辣椒切片。

3 切片的胡蘿蔔先用熱水燙過。若切得薄可以跟筊白筍一起燙，若厚就先放胡蘿蔔，再放筊白筍。

4 起鍋放入香油炒香嫩薑、紅辣椒片，放入胡蘿蔔、筊白筍，炒至快熟時，放入中芹與調味料即完成。

Tips

＊紅辣椒切片時要先去籽不然會太辣。

＊＊筊白筍可以先汆燙後再炒，比較快熟。

茭白筍熱量低、膳食纖維豐富可增加飽足感，

是良好的瘦身食材。

甜豆含有的植物雌激素，乳酪中所富含的鈣，
都能幫助女性緩和更年期症狀。

甜豆羅勒番茄拌起司

Sugar snap peas and tomato with cheese

材料

甜豆 120 公克
新鮮乳酪 60 公克
小番茄 50 公克
羅勒葉 5 片

調味料

橄欖油 50 毫升
鹽 適量
白胡椒粉 適量

1. 甜豆去頭尾用熱水燙過後泡冰水，取出後瀝乾水份備用。
2. 新鮮乳酪切條、小番茄切兩半備用。
3. 把甜豆、新鮮乳酪條、小番茄拌入鹽、白胡椒粉、橄欖油，拌勻後放上羅勒葉即完成。

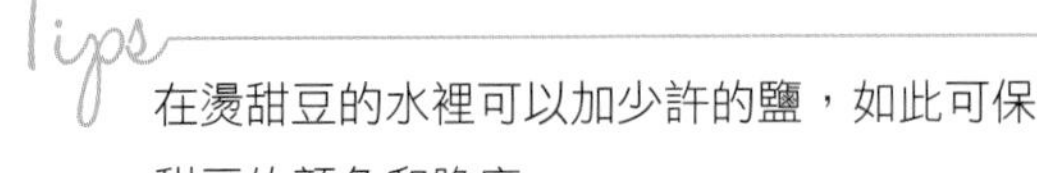

在燙甜豆的水裡可以加少許的鹽，如此可保持甜豆的顏色和脆度。

豆漿能幫助調節內分泌，
並有補血效果。
燕麥、蜂蜜中含有鎂，
可以幫助緩和行經時的情緒與腹痛。

Soy milk and oat pancake with honey

豆漿燕麥餅襯蜂蜜

材料

中筋麵粉	60 公克
小蘇打粉	2 公克
泡打粉	2 公克
燕麥	120 公克
全蛋	1 顆
無糖豆漿	100 毫升
沙拉油	30 毫升

調味料

糖	30 公克
蜂蜜	80 毫升

1 燕麥浸泡水約半小時後瀝乾備用。

2 中筋麵粉過篩備用。

3 把所有材料全部混合，加入糖和適量的沙拉油拌勻後靜置 15 分鐘。

4 準備煎鍋塗上薄薄的沙拉油，以小火放入麵糊煎至兩面呈金黃色，在旁附上蜂蜜即可上桌。

Tips

小蘇打粉勿加太多，否則會產生苦味。

豆腐中的大豆異黃酮
可以幫助調節賀爾蒙。
皇帝豆可補充經期時流失的鐵份，
幫助預防貧血。

鮮豆襯豆腐佐香橙

Lima bean with tofu dressing yogurt

材料

皇帝豆　80 公克
柳橙肉　60 公克
嫩豆腐　1 塊
黑芝麻　5 公克

調味料

梅粉　10 公克
原味優格　80 公克
鹽　3 公克

1 皇帝豆放入加鹽的滾水中燙煮約 5 分鐘撈起，沖冷水備用。

2 嫩豆腐切成片狀先排在盤上。

3 把燙過的皇帝豆去皮放在嫩豆腐上，再放上柳橙肉。

4 最後淋上原味優格，灑上梅粉、黑芝麻即完成。

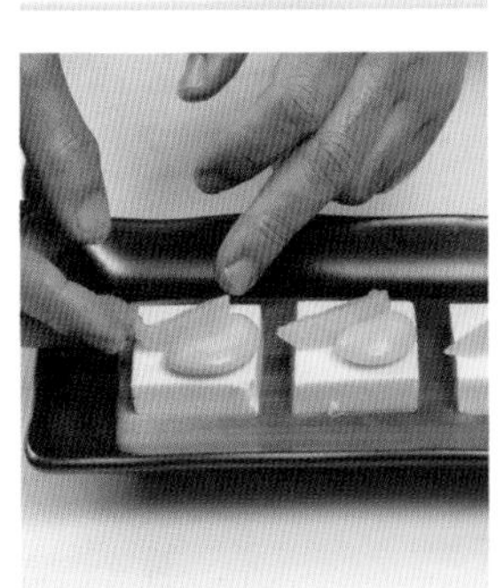

皇帝豆汆燙時一定要放入鹽，撈起來後要用冷水浸泡降溫才能保持顏色的鮮綠。

豆腐含有豐富的蛋白質與鈣，
能補充懷孕所需的營養。
菇類可以幫助提升孕婦的免疫力，
且不影響懷孕。

百菇燴豆腐

Mushrooms stew todu

材料

白靈菇	30 公克
柳松菇	30 公克
金針菇	30 公克
珊瑚菇	30 公克
嫩薑	10 公克
枸杞子	15 公克
豆腐	120 公克
橄欖油	30 毫升
玉米粉	20 公克

調味料

素蠔油	50 毫升
水	100 毫升
糖	3 公克
鹽	適量
白胡椒粉	適量

1 所有的菇類切小段備用。

2 嫩薑去皮切碎、枸杞子泡水備用。

3 豆腐放在盤上用鍋子蒸約 5 分鐘備用。

4 起鍋加入橄欖油，以中火放入①的菇類炒，炒之前先加少許的鹽讓菇類出水，再加入嫩薑碎拌炒，之後放入水、素蠔油、糖。

5 放入鹽、白胡椒粉，以玉米粉勾薄芡，再加入枸杞子，最後淋在豆腐上即完成。

Tips

要買傳統豆腐蒸出來才會有豆腐香味。

療癒料理 *Comfort Food*

不允許喊暫停的生活巨輪，不斷往前滾動，讓現代人捲陷其中，不得喘息，「好累喔！」似乎成了大家聊談間少不得的一句對白，指的是身體，也是心靈。

新鮮蔬果含有豐富的維生素和礦物質，絕對是紓壓解勞的好食物。

維生素 B 群可維護神經系統穩定、協助能量代謝、調節內分泌。維生素 C 可提升抗氧化能力，協助對抗壓力。鈣具有穩定情緒、鎮定和鬆弛神經的效果。

當你感到心情低落、壓力山大時，不妨親手做一道蔬食料理來犒賞自己！

蘋果所含的鋅，能夠增強記憶力。

材料

紅蘋果 1粒
柳橙 1粒

調味料

醬油 50毫升
味醂 20毫升
檸檬汁 10毫升
芥末籽醬 10公克

香橙拌蘋果

Orange and apple salad

1 柳橙去皮取肉，紅蘋果切片。

2 把調味料全部拌在一起。

3 再把醬料、紅蘋果、柳橙肉一同拌勻即完成。

Tips

蘋果切片後先泡在檸檬水裡才不會氧化。

Asparagus and eggs

蘆筍襯鮮蛋

蘆筍中的天門冬醯胺酸能幫助代謝、恢復疲勞。

材料

蘆筍	120 公克
雞蛋	1 顆
小番茄	2 粒
荷蘭芹	3 公克

調味料

橄欖油	90 毫升
白酒醋	30 毫升
鹽	適量
白胡椒粉	適量

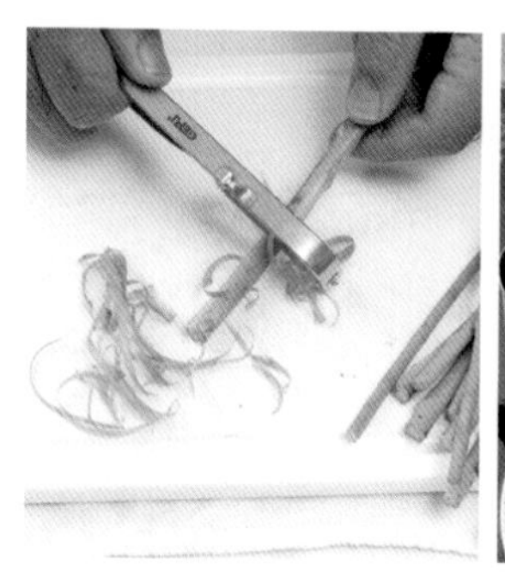

1 將蘆筍末端粗硬部分切除，用削刀去皮洗淨。

2 用熱水燙熟蘆筍後泡冰水備用。

3 雞蛋水煮 10 分鐘去殼切成碎、小番茄切片、荷蘭芹切碎。

4 調味料全部混合在一起。

5 再把蛋碎放在蘆筍上，小番茄片上淋醬汁、撒荷蘭芹碎即完成。

Tips

漂亮水煮蛋的煮法：將雞蛋放入冷水中煮，加入鹽與白醋，等水煮開後再 10 分鐘即完成。煮蛋時需不時的攪拌才能把蛋黃維持在中央。

青蔥含有多種礦物質與維生素 C 和鈣，能夠保持大腦靈活。
且大蒜素可幫助促進血液循環，恢復活力。

青蔥海苔捲

Spring onion rolls

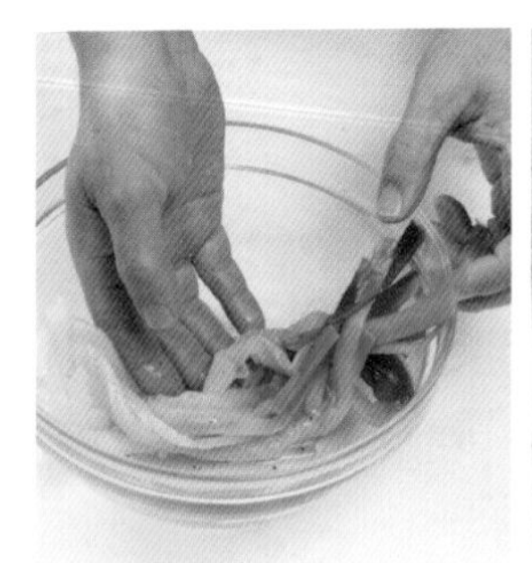

1 青蔥洗淨切成約 12 公分長備用。

2 水放入鍋內燒開，放入青蔥汆燙，再置入冰水降溫。

3 然後用橄欖油、鹽、黑胡椒粗粉略醃。

4 再以海苔片捲起即完成。

材料

青蔥 160 公克
海苔 大片一片
水 500 毫升

調味料

橄欖油 50 毫升
鹽 適量
黑胡椒粗粉 適量

Tips

醃過的青蔥要瀝乾油分，免得海苔片受潮，捲起會太軟，口感不好。

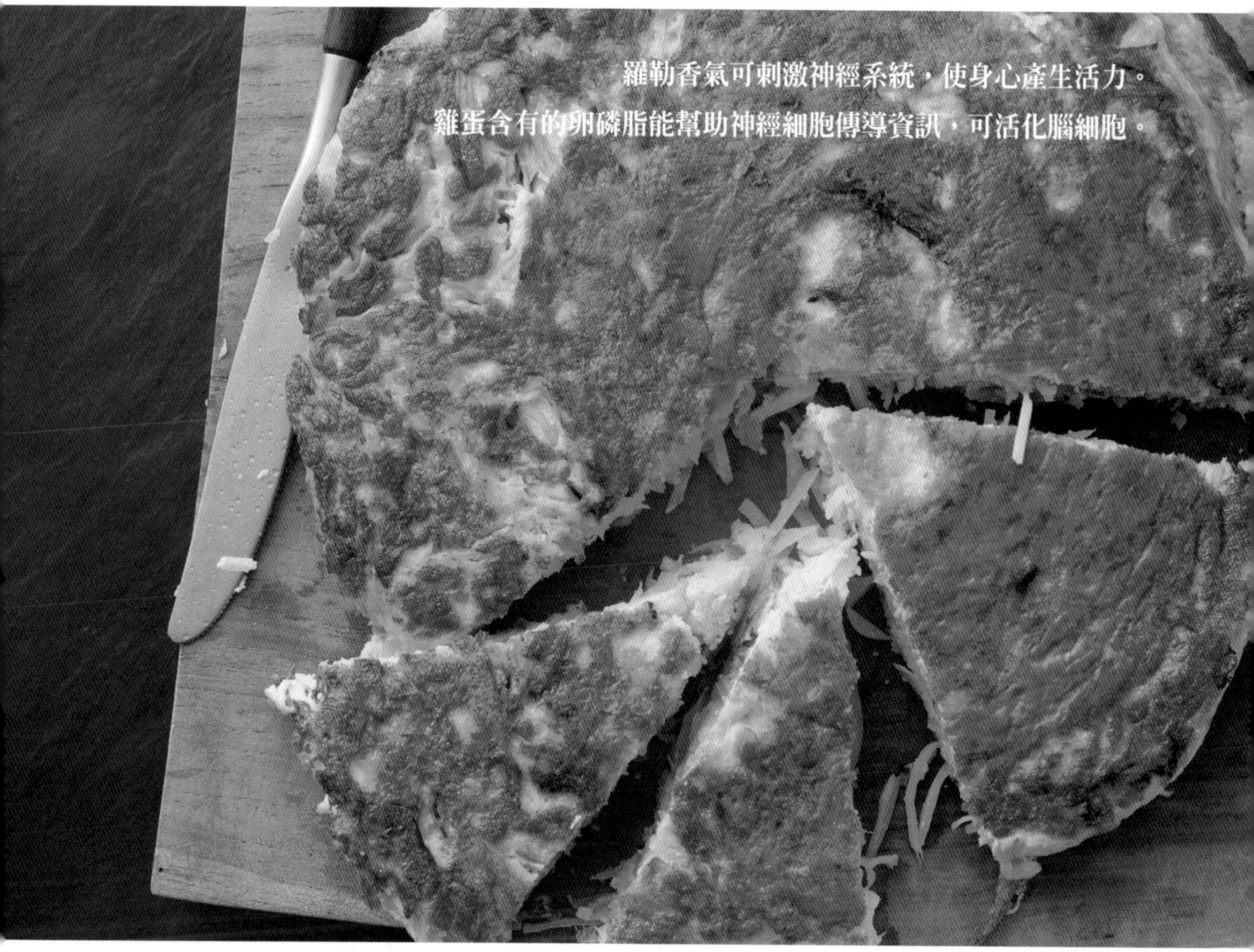

羅勒香氣可刺激神經系統，使身心產生活力。
雞蛋含有的卵磷脂能幫助神經細胞傳導資訊，可活化腦細胞。

羅勒鮮筍煎蛋餅

Baked egg in basil and bamboo shoot

1 筍子、羅勒葉切絲備用。

2 雞蛋打在鍋中打散，加入薄鹽醬油、白胡椒粉、筍絲、羅勒葉絲拌均勻。

3 起平底鍋放入蔬菜油以中火煎②的材料，兩面煎上色即完成。

材料

筍子 120 公克
羅勒葉 10 片
雞蛋 8 顆
蔬菜油 60 毫升

調味料

薄鹽醬油 35 毫升
白胡椒粉 適量

Tips

* 煎蛋時，需一邊倒入蛋液一邊用鍋鏟攪動，完成的蛋餅才會口感鬆軟。
** 如果買不到當季筍子，可改用沙拉筍（煮熟且包裝好販賣的筍子，一般超市與菜市場都有賣），但一定要先燙過再沖水，避免吃起來會太鹹太酸。

西洋菜富含多種礦物質，
核桃中有豐富的亞麻油酸，
這是合成卵磷脂的重要成分，
有益神經系統，
活化腦細胞。

油醋拌西洋菜襯核桃

Watercress and walnut salad

材料

西洋菜 100 公克
牛番茄 80 公克
乾蔥 10 公克
核桃 15 公克

調味料

白酒醋 30 毫升
橄欖油 90 毫升
鹽 適量
白胡椒粉 適量

1 西洋菜取葉洗淨備用。

2 牛番茄去皮切成塊。

3 乾蔥、核桃都切碎。

4 白酒醋、鹽、白胡椒粉、橄欖油攪拌成油醋。

5 將牛番茄、西洋菜、乾蔥碎拌油醋，拌好後擺盤，最後撒上核桃碎即完成。

Tips

西洋菜和油醋留待擺盤前再拌勻，否則葉菜會過於軟爛，影響視覺與口感。

香烤綜合鮮蔬

Roast vegetables

材料

茄子 30 公克
青椒 30 公克
紅甜椒 30 公克
黃甜椒 30 公克
大蒜 10 公克
什錦香料 10 公克
橄欖油 30 毫升
陳年醋 20 毫升

調味料

鹽 適量
白胡椒粉 適量

什錦香料

有百里香、羅勒葉、迷迭香、蝦夷蔥。（混合兩種以上即可作為什錦香料，可以自由搭配。）

1 蔬菜全部洗淨、切成片狀。

2 大蒜切碎備用。

3 把①加入②和什錦香料、鹽、白胡椒粉、橄欖油，拌勻後放入烤箱以 180 度烤約 10 分鐘。

4 烤好後拌陳年醋裝盤即完成。

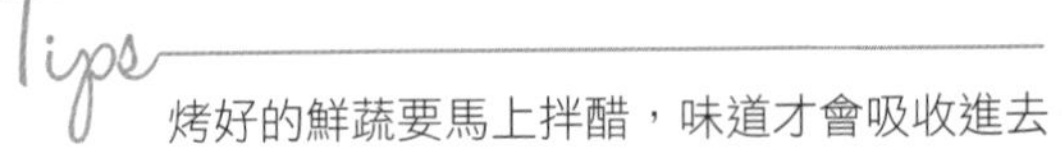

烤好的鮮蔬要馬上拌醋，味道才會吸收進去。

甜椒和青椒都含有豐富的維生素C與 β-胡蘿蔔素，能幫助抗氧化。
茄子所含的龍葵素是花青素的一種，可消除眼睛疲勞。

茄子表皮所含有的花青素，
可改善長時間從事文書工作者的眼睛疲勞。

煎辣味圓茄

Spicy eggplant fry

材料

圓茄 1個
荷蘭芹 10公克

調味料

鹽 適量
黑胡椒 適量
檸檬汁 10毫升
辣椒粉 3公克
橄欖油 20毫升

1 圓茄切成0.5公分薄片狀後泡入水裡，加檸檬汁。

2 荷蘭芹切碎備用。

3 把圓茄拿起擦乾，起鍋加入橄欖油，以中火把圓茄煎至二面上色後，加入鹽、黑胡椒粉、辣椒粉調味。

4 最後放入荷蘭芹碎拌炒即完成。

如果買不到圓茄也可以用本地的茄子代替。
（微風超市、萬華的果菜市場可買到圓茄，但菜市場比較便宜）

玉米所含的天然玉米黃素，

可幫助視網膜中和自由基對細胞的傷害。

玉米酪梨蔬菜鬆

Corn and avocado with lettuces

材料

玉米粒	30 公克
紅洋蔥	20 公克
紅番茄	20 公克
酪梨	20 公克
白木耳	20 公克
香菜	10 公克
蘿美生菜	100 公克

調味料

鹽	適量
白胡椒粉	適量
檸檬汁	20 毫升
橄欖油	30 毫升

1 紅洋蔥去皮切小丁，紅番茄去籽去皮切小丁。

2 白木耳用水燙過泡冰水，拿起後瀝乾水份再切成小丁。

3 酪梨切小丁、香菜切碎。

4 把①、②、③，以及玉米粒一同拌均勻後，加入鹽、白胡椒粉、檸檬汁、橄欖油攪拌。

5 最後再把拌好的料放在蘿美生菜上即完成。

Tips

酪梨的熟度不能選太生，太生的酪梨會有苦味。可以把酪梨埋在米甕中催熟。

韭菜香氣成分含大蒜素，能預防血栓、增進維生素 B_1 吸收，幫助恢復疲勞，還可溫暖身體活化功能。

韭菜炒鮮菇

Stir-fry chinese chive and mushroom

1 韭菜花洗淨切成 5 公分，嫩薑切碎、紅甜椒切絲。

2 柳松菇切成小段備用。

3 起鍋放入橄欖油，炒香嫩薑碎、柳松菇，再放入韭菜花，再以鹽、白胡椒粉調味。

4 最後加入紅甜椒絲拌勻即完成。

Tips 韭菜花不能炒太久，會變色、變軟。

材料

韭菜花 160 公克
柳松菇 80 公克
紅甜椒 20 公克
嫩薑 5 公克

調味料

橄欖油 30 毫升
鹽 適量
白胡椒粉 適量

南瓜中所含的 B_6，可穩定情緒。

奶製品富含鈣，能鬆弛神經緊張。

南瓜燉椰奶

Pumpkin stew coconut milk

1 南瓜洗淨，不去皮，切成約 0.5 公分的弧形片狀。

2 洋蔥、大蒜、紅辣椒都切成細薄片。

3 起鍋放入沙拉油炒香洋蔥、大蒜、紅辣椒。

4 再把水、椰奶加入，再放入南瓜煮約 5 分鐘後加入糖、鹽、白胡椒粉調味，後加鍋蓋燉煮 5 分鐘後即完成。

材料

南瓜	120 公克
洋蔥	30 公克
大蒜	5 公克
紅辣椒	3 公克
沙拉油	20 毫升

調味料

椰奶	100 毫升
水	100 毫升
糖	10 公克
鹽	適量
白胡椒粉	適量

Tips

燉煮的時間要控制好，不然南瓜會太爛。

長豆所含的銅，可改善頭暈易倦。
清涼的檸檬與薄荷可提振精神。

長豆拌甜椒襯檸檬橄欖油

Long bean and sweet peppers with lemon-olive sause

材料

長豆　120 公克
紅甜椒　30 公克
黃甜椒　30 公克
薄荷葉　10 公克

調味料

檸檬汁　30 毫升
橄欖油　90 毫升
鹽　適量
白胡椒粉　適量

1 長豆洗淨切成 5 公分長，紅、黃甜椒去籽切成條狀。

2 起鍋放入水煮開後放入長豆燙熟，接著泡冰水備用。

3 薄荷葉切成碎。

4 調味料裡的檸檬汁、鹽、白胡椒粉攪拌後加入橄欖油做成醬汁。

5 再把長豆、紅、黃甜椒拌醬汁，最後撒上薄荷葉碎即完成。

Tips

如果沒有長豆可改用四季豆，注意一定要燙熟。

匈牙利燴鮮蔬

Hungarian braised vegetable

材料

洋蔥	30公克
紅辣椒	10公克
大蒜	5公克
紅甜椒	20公克
黃甜椒	20公克
青椒	20公克
水	80毫升
橄欖油	30毫升

調味料

鹽	適量
白胡椒粉	適量
匈牙利紅椒粉	20公克

1 洋蔥切丁、紅辣椒切薄片、大蒜切碎備用。

2 紅、黃、青椒去籽切丁備用。

3 起鍋加入橄欖油炒香大蒜碎、洋蔥丁。

4 再加入紅辣椒薄片、三種椒類，拌炒。

5 放入匈牙利紅椒粉、鹽、白胡椒粉，最後加入水燴炒即完成。

Tips

如不喜歡椒類的苦澀味，可去掉甜椒皮。
把甜椒靠近瓦斯爐燒烤或用噴槍直接燒灼表面，當甜椒表面變得焦黑時，就可以輕易去皮。

大蒜和洋蔥所含的大蒜硫胺素，
有助於維生素 B_1 的吸收，
可幫助增強代謝、恢復疲勞。
紅辣椒含強力抗氧效果的
維生素 C 以及 β－胡蘿蔔素，
可幫助恢復精神。

鳳梨含大量維生素 B_1 ，
可幫助體內糖質轉爲熱量，
幫助恢復疲勞。
百香果亦有鎮靜安神的效果。

鳳梨襯百香果蜂蜜醬

Pineapple in passion fruit honey

材料

小型鳳梨　一粒
薄荷葉　2 公克

調味料

萊姆酒　10 毫升
百香果肉　60 公克
蜂蜜　30 毫升

1 小型鳳梨切成兩半、取肉留皮備用。

2 鳳梨肉切成丁。

3 萊姆酒、百香果肉、蜂蜜拌在一起成醬汁。

4 把鳳梨丁拌醬汁後裝入鳳梨皮裡，放上薄荷葉即完成。

Tips 如買不到新鮮薄荷葉可放少許的香菜葉，味道也不錯。

花椰杏仁濃湯

Broccoli and apricot soup

材料

綠花椰	120 公克
洋芋	60 公克
洋蔥	20 公克
蒜苗	10 公克
杏仁片	5 公克
橄欖油	20 毫升
水	100 毫升
鮮奶	200 毫升
鮮奶油	50 毫升

調味料

鹽	適量
白胡椒粉	適量

1 綠花椰清洗後切成小塊。

2 洋芋去皮切成小塊。

3 洋蔥、蒜苗切成小丁。

4 準備湯鍋加入橄欖油以中火炒香洋蔥、蒜苗。

5 再放入綠花椰塊、洋芋塊拌炒。花椰菜梗先放入炒軟，再放葉的部分，同時放的話葉會黃掉。

6 加入水、鮮奶煮至洋芋、花椰菜熟後，再放入調理機打成泥。

7 再以鹽、白胡椒粉調味，加入鮮奶油慢慢拌均勻。

8 最後把杏仁片＆鮮奶油撒在湯上即完成。

Tips

如不喜歡綠花椰可改用白花椰，味道也很好。

花椰菜富含維他命 C，可幫助抵抗壓力。
核果類與奶製品含鈣，都可幫助舒緩緊張。

毛豆可預防酒醉、內含蛋胺酸
能防護肝腎受酒精影響。
茴香自古就被當作預防腹痛的藥物。

茴香拌毛豆

Edamame salad

材料

毛豆仁　120 公克
洋蔥　30 公克
青蔥　20 公克
茴香籽　5 公克
百里香　2 公克
雞蛋　1 顆
荷蘭芹　2 公克

調味料

橄欖油　90 毫升
檸檬汁　30 毫升
鹽　適量
白胡椒粉　適量

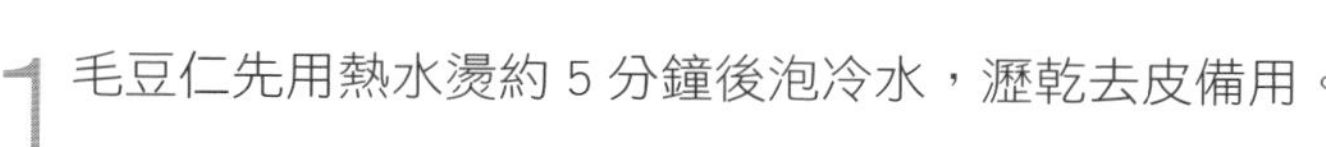

1 毛豆仁先用熱水燙約 5 分鐘後泡冷水，瀝乾去皮備用。

2 雞蛋用冷水煮滾後算 10 分鐘即可，去蛋殼切成蛋碎。

3 洋蔥、青蔥切成碎備用。

4 茴香籽、百里香、荷蘭芹切碎。

5 調味料全部拌在一起成檸檬醋油。

6 把毛豆仁、洋蔥碎、茴香籽、百里香和檸檬醋油拌在一起。

7 再把蛋碎、青蔥碎、荷蘭芹碎撒在毛豆仁上即完成。

Tips

要吃的時候再拌油醋，不能提早拌起來，不然毛豆會變黃。

酸豆番茄燴秋葵

Tomato stewed okra

材料

秋葵	120 公克
洋蔥	20 公克
大蒜	10 公克
酸豆	15 公克
綠橄欖片	10 公克
番茄碎醬	100 公克
水	80 毫升
橄欖油	30 毫升

調味料

匈牙利紅椒粉	10 公克
紅糖	10 公克
檸檬汁	15 毫升
乳酪粉	15 公克
鹽	適量
白胡椒粉	適量

1 秋葵洗淨切成兩半備用。

2 洋蔥、大蒜切碎。

3 起鍋放入橄欖油炒香大蒜、洋蔥碎，再加入番茄碎醬、水。

4 再依序放入匈牙利紅椒粉、紅糖、鹽、白胡椒粉。

5 再把秋葵、酸豆、綠橄欖片放入燴煮。

6 最後加入檸檬汁、乳酪粉即完成。

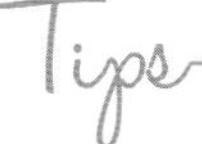

如沒番茄碎醬可改用新鮮番茄，去皮去籽切丁即可，新鮮又可口。

秋葵富含「黏蛋白」，
是一種蛋白質和多醣類結合而成的物質，
可以保護胃黏膜。

炸馬鈴薯一直是喝啤酒時最常見的下酒菜，
再佐以黃瓜芒果莎莎醬口感更爲清爽。

洋芋餅佐黃瓜芒果莎莎醬

Hash brown patties with cucumber mango salsa

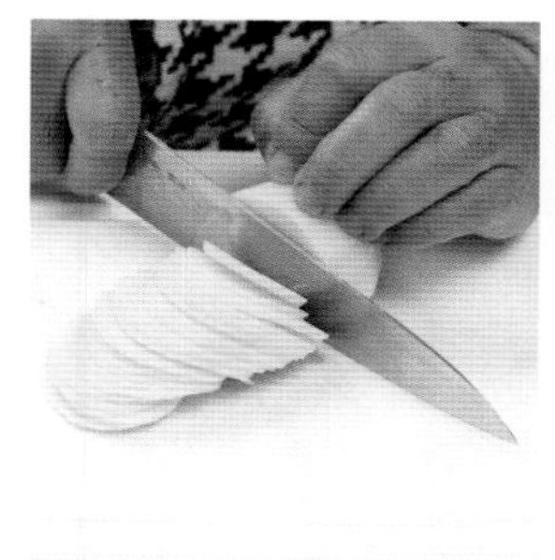
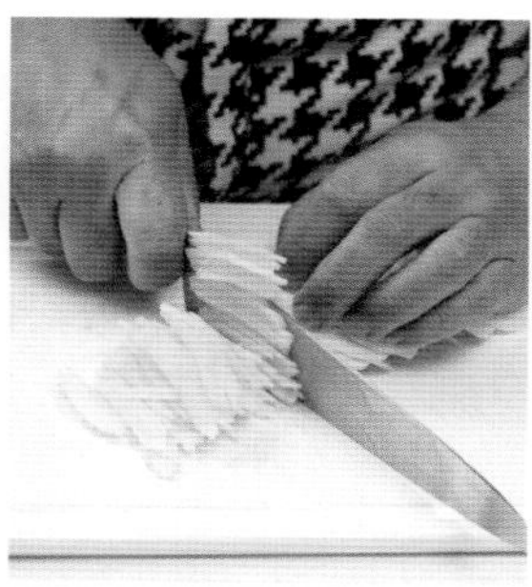

材料

洋芋 120 公克
小黃瓜 40 公克
芒果 45 公克
紅辣椒 5 公克
香菜 5 公克

調味料

糯米醋 30 毫升
味醂 10 毫升
橄欖油 90 毫升
鹽 適量
白胡椒粉 適量

1 洋芋切絲，用鹽、白胡椒粉抓過去水份備用。

2 小黃瓜去籽切成小丁。

3 芒果切小丁、紅辣椒、香菜切碎備用。

4 把②和③加在一起，再加入糯米醋、味醂、橄欖油 60 毫升、鹽、白胡椒粉拌成莎莎醬。

5 起鍋放入橄欖油 30 毫升煎洋芋絲，先轉小火整好餅的形狀，之後轉中火煎至兩面煎熟即可。餅約直徑 12 公分。

6 旁附黃瓜芒果莎莎醬即完成。

Tips

如沒有味醂可換成果糖來調味，但不能加太多否則會太甜。

醬燒洋芋襯鮮蔬

Potato in soy sauce with vegetable

材料

洋芋 160 公克
蘿美生菜 30 公克
小豆苗 10 公克
洋蔥 10 公克
大蒜 5 公克
紅辣椒 3 公克
橄欖油 20 毫升

調味料

甜醬油 50 毫升
水 30 毫升
鹽 適量
白胡椒粉 適量

1 洋芋洗淨去皮切成四方塊狀。

2 洋蔥、大蒜、紅辣椒切碎。

3 洋芋先用水煮至半熟，約 10 分鐘撈起。

4 起鍋加入橄欖油以中火煎③的洋芋，煎上色後再放入②拌炒。

5 把調味料全部混合備用。

6 再把⑤加入④裡讓醬汁收乾。

7 最後把蘿美生菜、小豆苗放旁即完成。

Tips

洋芋先用電鍋蒸半熟，無須顧火方便又快速。

醬燒洋芋帶點辣味的口感，
不論下飯還是下酒都很對味。

材料

苦瓜 200 公克
大蒜 20 公克
嫩薑 10 公克
紅辣椒 5 公克
水 250 毫升
橄欖油 20 毫升

調味料

白味噌 50 公克
黑糖粉 10 公克
鹽 適量
白胡椒粉 適量

味噌中的大豆皂精可抑制油脂吸收，
類黑精可幫助排毒。
大吃大喝後，本品可幫助解油膩、降火氣。

味噌燴苦瓜 *Braised bitter gourd in miso*

1 苦瓜去籽切塊，大蒜、嫩薑、紅辣椒切成碎備用。

2 水和白味噌、黑糖粉攪拌成醬汁。

3 放入橄欖油炒香大蒜、嫩薑、紅辣椒碎，放入醬汁，再把苦瓜塊放入。

4 以小火燴到苦瓜變軟再加鹽、白胡椒粉提味即完成。

Tips

在去苦瓜籽時，苦瓜裡白色的囊也要刮掉，不然苦味會很重。

青蔥所含的大蒜素可促進食慾，
豆豉可幫助清熱解毒。
本品當作下酒菜非常適味。

Spicy spring onion with cracker

辣味青蔥豆豉襯蘇打餅

材料

青蔥（白） 80 公克
青辣椒 5 公克
紅辣椒 5 公克
豆豉 10 公克
蘇打餅 10 片
蔬菜油 10 毫升

調味料

糖 適量

1 豆豉先泡水備用。

2 青蔥（白）切 0.5 公分圈狀，青、紅辣椒切圓片狀備用。

3 起鍋加入蔬菜油炒香豆豉、青蔥（白）、青、紅辣椒。

4 再以糖調味，最後將炒料放在蘇打餅上即完成。

Tips

蘇打餅也可換成白吐司，但吐司須要先烤過再切成小塊狀。

養生料理 *Health Food*

「老」並不等於就是「衰」喔！

蔬菜、水果的香味、顏色、苦味和辣味等成分被稱為植化素，具有極強的抗氧化作用，能夠減緩細胞老化，還能避免紫外線和壓力對身體造成的傷害。

另外，含有豐富的膳食纖維，是絕大部分蔬菜的共通特點，因此，「攝取蔬菜」，就能達到「以膳食纖維改善排便狀況」以及「淨化腸道環境，增強免疫力」。

所以說，老得健康、老得有活力並不困難，只要你從現在起，用心地以蔬食料理來照顧自己。

小番茄比一般番茄更富含膳食纖維，
可促進腸道蠕動。

烤紅黃小番茄

Roast tomatoes

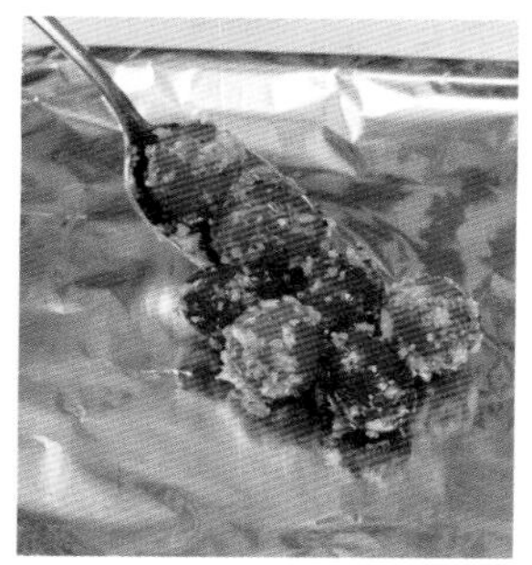

材料

小番茄（紅）	120 公克
小番茄（黃）	120 公克
洋蔥	30 公克
薑	10 公克
紅辣椒	10 公克
荷蘭芹	10 公克

調味料

鹽	適量
白胡椒粉	適量
檸檬汁	15 毫升
橄欖油	30 毫升

1 洋蔥、薑、紅辣椒、荷蘭芹切碎。

2 小番茄（紅）、（黃）洗淨瀝乾水份備用。

3 把小番茄（紅）、（黃）撒鹽、白胡椒粉調味，再拌入洋蔥、薑、紅辣椒碎、橄欖油，放入烤箱以 160 度烤約 10 分鐘。

4 再把小番茄盛盤，淋上檸檬汁和荷蘭芹碎即完成。

最後再淋檸檬汁，太早淋會失去提味的作用。

四季豆拌香草

String bean salad

材料	
四季豆	120 公克
洋蔥	20 公克
酸豆	10 公克
荷蘭芹	5 公克
薄荷	5 公克
蝦夷蔥	5 公克
紅辣椒	3 公克

調味料	
檸檬汁	20 毫升
橄欖油	60 毫升
鹽	適量
白胡椒粉	適量

1 四季豆去頭尾切成 5 公分大小，用熱水燙過後泡冰水，瀝乾水份備用。

2 洋蔥切成圈狀備用。

3 紅辣椒去籽和荷蘭芹、薄荷、蝦夷蔥切碎。

4 將調味料拌成醬汁加入③備用。

5 再把四季豆拌醬汁、擺盤，放上洋蔥圈、酸豆即完成。

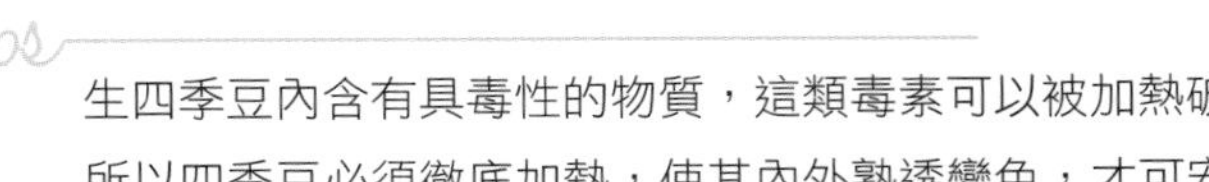

生四季豆內含有具毒性的物質，這類毒素可以被加熱破壞。
所以四季豆必須徹底加熱，使其內外熟透變色，才可安全食用。

四季豆中富含膳食纖維，能改善便秘。
酸豆有解毒功效、增強腸道功能。
洋蔥可補充腸道益生菌營養，
幫助調節腸道菌叢生態。

牛蒡含有均衡水溶性與不溶性膳食纖維，
能預防便祕，排出腸內有害物質。

牛蒡鮮蔬湯

Burdock and vegetables soup

材料

牛蒡 100 公克
玉米 50 公克
新鮮香菇 30 公克
高麗菜 50 公克
洋蔥 30 公克
黑木耳 30 公克
水 650 公克

調味料

鹽 適量
白醋 30 毫升

1 牛蒡去皮切成小丁，取 150 毫升的水加入白醋，再把牛蒡丁放入浸泡。

2 玉米、新鮮香菇、高麗菜、洋蔥、黑木耳全部切塊。

3 鍋內放入水加入②的鮮蔬和①的牛蒡丁，煮開關小火煮約 30 分鐘後，將湯中的蔬菜過濾掉，加鹽調味。

4 最後再把煮過的牛蒡丁和鮮蔬加入湯裡即完成。

Tips

泡牛蒡時加白醋的原因：因為牛蒡很容易氧化成黑色，加白醋可防氧化。
如不喜歡白醋的味道，加檸檬汁一樣可以達到相同效果。

乳酪可幫助維持腸道平衡。
西洋芹、蘿蔔等蔬菜均含有膳食纖維，
可消解便秘。

蒜香藍紋乳酪醬襯野菜條

Vegetable and garlic blue cheese dip

材料

去皮大蒜	30 公克
藍紋乳酪	60 公克
鮮奶	150 毫升
白蘿蔔	60 公克
紅蘿蔔	30 公克
小黃瓜	30 公克
西洋芹	30 公克

調味料

鮮奶油	30 公克
白胡椒粉	適量

1 大蒜去頭備用。

2 在鍋中放入鮮奶以及去皮大蒜以慢火煮至大蒜熟透，取出搗成泥備用。

3 4 種野菜切成條狀泡冰水備用。

4 再把藍紋乳酪、鮮奶油和大蒜泥、白胡椒粉拌在一起成醬汁，將野菜條沾醬汁食用。

大蒜一定要去裡面的芯，不然會有苦味。

甜薯紅椒湯

Sweet potato and sweet pepper soup

材料

地瓜	100 公克
紅甜椒	80 公克
洋蔥	20 公克
大蒜	5 公克
橄欖油	20 毫升
白酒	20 毫升
水	300 毫升
白吐司	一片

調味料

TABASCO 辣椒水	10 毫升
鹽	適量
白胡椒粉	適量

1 地瓜洗淨去皮切丁、紅甜椒去籽切丁備用。

2 洋蔥、大蒜切碎。

3 白吐司去邊切成三角型，入烤箱以 180 度烤約 8 分鐘上色即可。

4 起鍋放入橄欖油以中火炒香大蒜、洋蔥碎後再放入紅甜椒丁、白酒、水，煮開再加入地瓜。

5 煮至地瓜、紅甜椒熟透後，再加入 TABASCO 辣椒水、鹽、白胡椒粉調味。

6 接著放入調理機打成泥後再放入鍋子加熱煮開即可，旁放烤過的白吐司即完成。

Tips

紅甜椒要煮至熟透，並用調理機打過才不會有顆粒。

香料醃漬小番茄

Spices tomato marinade

香料自古就被認爲具有醫療價値，
能抗氧化，增強免疫力。
番茄中的茄紅素亦富含抗氧化功能。

1 小番茄先拌鹽、白胡椒粉、橄欖油。

2 再把迷迭香、百里香、月桂葉和①拌在一起。

3 入烤箱以 180 度烤約 10 分鐘即完成。

材料

小番茄 250 公克
迷迭香 30 公克
百里香 20 公克
月桂葉 1 片

調味料

鹽 適量
白胡椒粉 適量
橄欖油 80 毫升

Tips

香料不能放太多不然會產生苦味。

青蔥番茄百里香

Spring onion and tomato

蔥白能抗菌、發汗，預防疾病。
古時感冒會以蔥代藥。百里香有抗菌作用，
製成香草茶可作爲呼吸道疾病的舒緩劑。

材料

青蔥 120 公克
小番茄 40 公克
洋蔥 20 公克
大蒜 5 公克
百里香 3 公克
橄欖油 20 毫升

調味料

鹽 適量
白胡椒粉 適量
白酒 20 毫升

1 青蔥洗淨去頭切成 5 公分長段。

2 小番茄切成兩半，洋蔥、大蒜切碎。

3 起鍋放入橄欖油炒香洋蔥、大蒜碎。

4 再放入青蔥、小番茄、百里香，拌炒後加白酒、鹽、白胡椒粉調味即完成。

Tips

青蔥可選本地的蔥，味道與香氣會更好。

適量的辣椒可以促進血液循環，溫暖身體。
菇類含有 β-Glucan，能幫助提高免疫力。

爐烤香料杏鮑菇

Roast king oyster mushroom

材料

杏鮑菇　120 公克
大蒜　5 公克

調味料

檸檬汁　20 毫升
辣椒粉　5 公克
匈牙利紅椒粉　5 公克
俄立岡葉　3 公克
黑胡椒粉　3 公克
鹽　適量
橄欖油　30 毫升

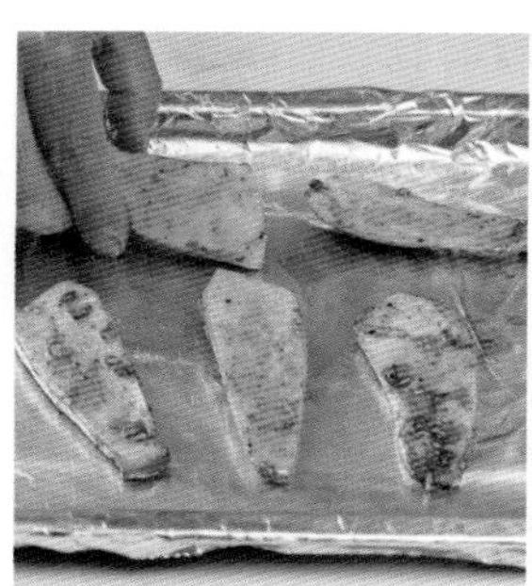

1. 杏鮑菇切片，大蒜切碎備用。
2. 調味料裡的食材全部混合成醃醬。
3. 把杏鮑菇片、大蒜碎和醃醬拌在一起約醃 10 分鐘。
4. 再把醃過的杏鮑菇放入烤箱裡，以 180 度烤約 10 分鐘即完成。

Tips

杏鮑菇醃的時間一定要夠，不然烤出來會沒有味道。

熟煮橄欖茄子
Roasted eggplant spread

材料

茄子	250 公克
紅甜椒	35 公克
大蒜	50 公克
香菜	20 公克
綠橄欖	20 公克
橄欖油	150 毫升

調味料

鹽	適量
白胡椒粉	適量

1 茄子洗淨縱切兩半，劃刀撒鹽、白胡椒粉，淋少許橄欖油。入烤箱以 180 度烤約 20 分鐘，把肉挖出備用。

2 紅甜椒用爐火燒過去皮，大蒜切兩半去芯備用。

3 鍋中放入水與大蒜，煮開後換水，一共要煮開三次。

4 把紅甜椒、燙過的大蒜泡在橄欖油裡，以小火煮約 20 分鐘。

5 綠橄欖、香菜都切成碎和茄肉拌在一起。

6 再把油泡的紅甜椒、大蒜切碎和⑤一起拌，再加鹽、白胡椒粉調味即完成。

* 烤好的茄子要趁熱把肉挖出來，否則放冷會變硬。

** 因為茄子會氧化，且烤好會生水，故不建議先刨皮，直接烤即可。

茄子含各種礦物質、
橄欖富含維他命 C，
可保護身體不被病菌入侵。

蘿蔔所富含的 β-胡蘿蔔素能保護肌膚黏膜，
增強抵抗力。洋蔥的辣味成分硫化丙烯基，
能幫助抵禦流感病毒。

蔥香蘿蔔塔吉鍋

Chinese radish tagine with onion

材料

洋蔥 50 公克
白蘿蔔 60 公克
紅蘿蔔 60 公克
橄欖油 10 毫升

調味料

水 65 毫升
淡醬油 50 毫升
味醂 20 毫升

1 洋蔥、白蘿蔔、紅蘿蔔去皮洗淨後全部切成塊狀。

2 調味料混合調成醬汁備用。

3 塔吉鍋中加入橄欖油以中火炒香洋蔥塊，再放入白、紅蘿蔔塊一起拌炒。

4 再加入醬汁煮開約 5 分鐘後，加蓋再燜約 20 分鐘即完成。

Tips

塔吉鍋的蓋子尖尖如塔，當熱氣上昇遇到冷空氣時就會形成水滴往下流，因此只要用很少的水就可做出燜燉的料理。

酪梨甜椒洋芋

Avocado and potato spread

什錦香料

百里香、迷迭香、
羅勒、蝦夷蔥

材料

酪梨	30 公克
紅甜椒	30 公克
洋芋	60 公克
什錦香料	2 公克

調味料

鹽	適量
白胡椒粉	適量
美乃滋	60 公克
檸檬汁	10 毫升

1. 酪梨去籽去皮切丁、紅甜椒去籽切成丁狀。
2. 洋芋去皮切丁用水煮熟後，將水份瀝乾備用。
3. 把美乃滋、檸檬汁和鹽、白胡椒粉調拌成醬汁。
4. 再把①加②和③的醬汁拌在一起，撒上什錦香料即完成。

Tips

酪梨要選擇熟一點但不能太軟，口感適中才會好吃。

酪梨營養價值極高，可增進身體活力。
甜椒的紅色色素能增強免疫力。

綠花椰的維生素 C 含量為蔬菜中最高，
且具抗癌功效的蘿蔔硫素。
番茄具高抗氧化功能。
玉米的維生素與膳食纖維都很豐富，
能幫助排毒。

番茄玉米綠花椰

Broccoli and tomato salad

材料

綠花椰 100 公克
小番茄 30 公克
玉米粒 20 公克
乾蔥 5 公克
大蒜 5 公克

調味料

鹽 適量
白胡椒粉 適量
紅酒醋 30 毫升
橄欖油 90 毫升

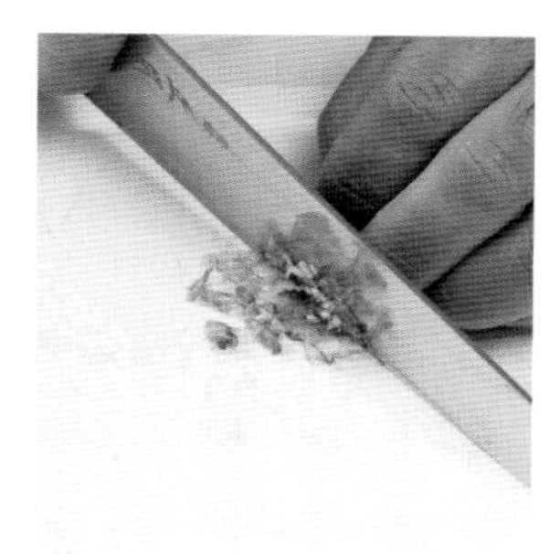

1 綠花椰去纖維切成塊，入滾水汆燙約 3 分鐘後泡冷水備用。

2 小番茄切兩半，乾蔥、大蒜切碎備用。

3 把所有調味料拌在一起成醬汁。

4 最後把綠花椰、小番茄、乾蔥碎、大蒜碎、玉米粒拌在一起再淋上醬汁即完成。

有新鮮的玉米粒最好，但是要先用熱水汆燙過。

綜合鮮菇沙拉

Mushrooms salad

材料

柳松菇	60 公克
秀珍菇	50 公克
白蘑菇	50 公克
新鮮香菇	50 公克
大蒜	10 公克
辣椒	5 公克
月桂葉	1 片
迷迭香	3 公克
橄欖油	30 毫升

調味料

鹽	適量
白胡椒粉	適量
陳年葡萄醋	60 毫升

1 把所有菇類洗淨擦乾，切成粗片狀。

2 大蒜、辣椒切片備用。

3 起鍋放入橄欖油把菇類放進去炒，炒時先加入少許的鹽讓菇類出水。

4 等水快收乾前放入大蒜、辣椒、月桂葉、迷迭香。

5 拌炒後再加入白胡椒粉和陳年葡萄醋即完成。

Tips

可依照自己喜歡的菇類去搭配。

菇類含有多種維生素及豐富膳食纖維，
並且含有能增強免疫力的多醣體，
能預防氧化對身體的侵害。

番茄的茄紅素是很強的抗氧化成分、
菇類所含有的多醣體可以幫助調節免疫系統，
對抗活性氧。

番茄蘑菇盅

Tomato and mushroom cup

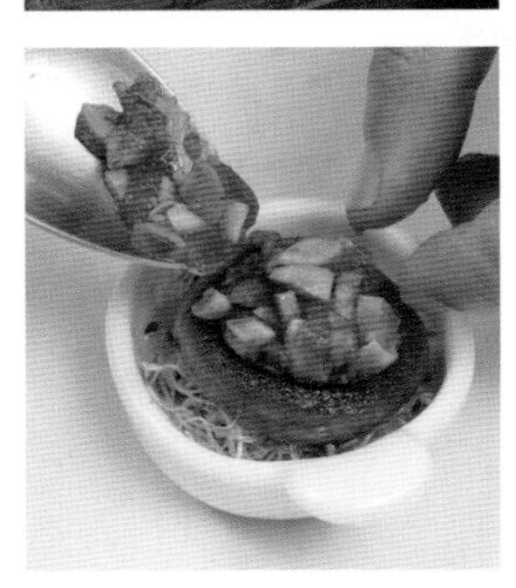

材料

牛番茄	60 公克
大蘑菇	100 公克
洋蔥	20 公克
大蒜	5 公克
荷蘭芹	5 公克
白酒	20 毫升
橄欖油	30 毫升

調味料

鹽	適量
白胡椒粉	適量

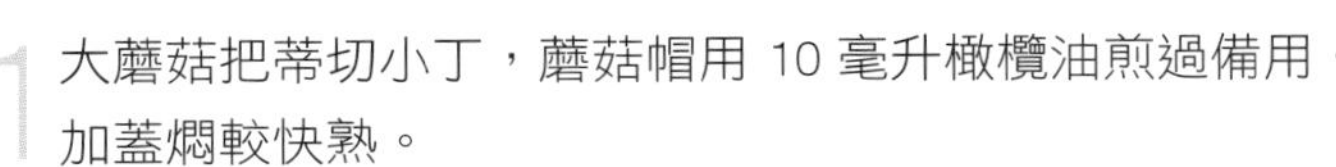

1 大蘑菇把蒂切小丁，蘑菇帽用 10 毫升橄欖油煎過備用。加蓋燜較快熟。

2 牛番茄去皮去籽切小丁備用。

3 洋蔥、大蒜、荷蘭芹切碎。

4 起鍋放入橄欖油炒蘑菇蒂小丁，加入少許的鹽與白酒讓蘑菇出水，炒至水快收乾前再放入大蒜、洋蔥碎。

5 再放入牛番茄小丁，加入白胡椒粉調味，最後放入荷蘭芹碎。

6 最後把炒好的料放入蘑菇帽裡即完成。

Tips

蘑菇要挑選大一些，約 3 ～ 5 公分剛好，不然煎過菇類會縮小。

香橙蔬菜

Vegetables and orange juice

花椰菜的維生素 C 與 β-胡蘿蔔素含量均高，能有效對抗活性氧。
甜椒的辣椒素，現榨柳橙汁所含的類黃酮成份，均具有防癌作用。

材料

綠花椰	50 公克
白花椰	50 公克
紅甜椒	30 公克
黃甜椒	30 公克
甜豆	30 公克
乾蔥	10 公克
水	500 毫升
柳橙汁	100 毫升

調味料

鹽	適量
白胡椒粉	適量

1. 綠、白花椰切成小朵泡水後洗淨。
2. 紅、黃甜椒去籽切成三角形。
3. 乾蔥去皮備用。
4. 水煮開加鹽，分別將蔬菜放入汆燙約 5 分鐘，拿起放涼。
5. 煮蔬菜的水加入柳橙汁、鹽、白胡椒粉與乾蔥調味，煮至湯汁剩一半，待冷卻，再倒入燙好的蔬菜裡拌均匀後，泡約半小時即完成。

Tips

蔬菜勿燙過久會影響到口感。

葡萄柚高麗菜沙拉

Grapefruit and cabbage salad

葡萄柚含有苦味的成分，是具高抗氧化作用的多酚類，可抑制細胞癌化。高麗菜雖為淡色蔬菜，但富含維他命 C 以及鈣，可幫助修復細胞。

材料

高麗菜　250 公克
紅蘿蔔　60 公克
洋蔥　50 公克
葡萄柚　120 公克

調味料

鹽　適量
白胡椒粉　適量
美乃滋　80 公克
黃芥末　10 公克
檸檬汁　10 毫升

1 高麗菜、紅蘿蔔、洋蔥，切成絲備用。

2 葡萄柚取果肉去皮去籽備用。

3 在①中加入鹽拌勻，擠乾水份再加入白胡椒粉。

4 將美乃滋、黃芥末、檸檬汁混合在一起成醬汁。

5 再把②和③加④拌在一起即完成。

Tips

高麗菜、紅蘿蔔、洋蔥的水份一定要擠乾，不然加入美乃滋後放約 10 分鐘會出水。

洋菇熱量低，且可幫助清除膽固醇。

洋菇甘露煮

Button mushroom and tomato cup

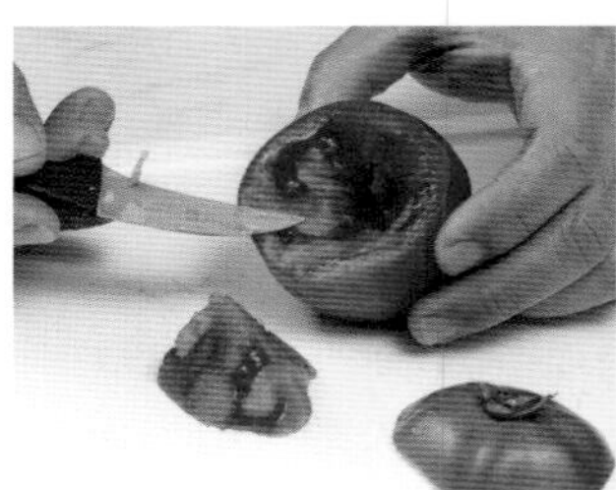

材料

洋菇 120 公克
秋葵 80 公克
牛番茄 3 粒

調味料

水 370 毫升
醬油 50 毫升
味醂 50 毫升
糖 20 公克

1 洋菇去蒂，用水洗淨用紙巾擦乾備用。

2 牛番茄去頭把籽挖起來成番茄盅。

3 把調味料煮開，放入洋菇、秋葵煮約 20 分鐘。

4 對切秋葵，最後把處理好的洋菇、秋葵放入番茄盅裡即完成。

Tips

洋菇、秋葵勿煮超過時間，否則食材口感會變差，味道會太鹹。

鮮蔬紅咖哩

Vegetable red curry

材料

南瓜	60 公克
茄子	60 公克
角豆	30 公克
洋菇	30 公克
玉米筍	30 公克
香茅	1 根
檸檬葉	1 片

調味料

紅咖哩糊	35 公克
椰漿	250 毫升
椰奶	50 毫升

1 南瓜去籽帶皮切厚片，茄子切長條狀。

2 洋菇切成兩半，角豆、玉米筍切滾刀狀。

3 香茅斜切片，檸檬葉切粗絲。

4 起鍋先加入椰奶，煮開後放入紅咖哩糊炒至香味出來，再加入椰漿煮開。

5 放入香茅、檸檬葉，最後把所有鮮蔬加入煮熟即完成。

Tips

紅咖哩糊一定要炒出香味再加入椰漿，這樣才會有咖哩的香氣和辣味。

玉米可幫助減少膽固醇合成。
橄欖油中單價不飽和脂肪酸的含量高，
適當食用可預防心血管疾病。

烤黃玉米佐香料橄欖油

Roast spices corn

什錦香料

迷迭香、蝦夷蔥、
羅勒、百里香

材料

黃玉米　3 條
什錦香料　5 公克
橄欖油　20 毫升

調味料

鹽　適量
黑胡椒碎　適量

1. 黃玉米先用水煮熟。
2. 再將煮好的黃玉米切成每段 5 公分大小備用。
3. 把黃玉米用鹽、黑胡椒碎、什錦香料、橄欖油調味。
4. 最後放入烤箱以 200 度烤約 5 分鐘即完成。

如果家裡沒有烤箱，黃玉米可用少許油以慢火煎上色。

果醋蓮藕片

Lotus root and fruit vinegar marinade

材料

蓮藕　120 公克
話梅　3 粒

調味料

紅葡萄醋　500 毫升
白糖　50 公克

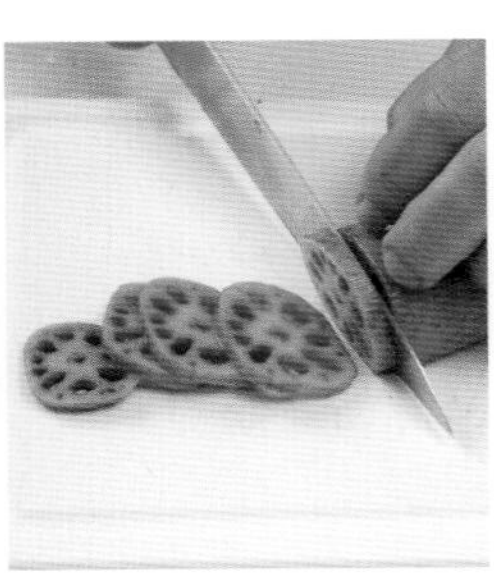

1 蓮藕洗淨，去皮不切。

2 鍋子放入紅葡萄醋、白糖、話梅和蓮藕。

3 開小火煮約 45 分鐘後拿起切片即完成。

Tips 本道料理也可以放紅酒來代替紅葡萄醋。

蓮藕的黏液成分，
能抑制糖分跟膽固醇的吸收，
可預防動脈硬化。

簡單食堂 Simple Food

你是否有長期外食或吃便利商店的便當，造成腳部浮腫的經驗？

那是因為餐點中所含的鹽分太多，使得體內的鈉達到一定濃度，造成水分蓄積而出現浮腫現象。而能排除鈉的營養成分莫過於鉀。在小黃瓜、萵苣、胡蘿蔔和南瓜等蔬菜中，都含有大量的鉀。

減少外食，只要照著「簡單食堂」裡的菜單，輕輕鬆鬆就能為自己打理一餐，身體無負擔，心靈也輕盈起來。

南瓜蘑菇餃

Pumpkin and mushroom dumplins

材料

南瓜　120 公克
蘑菇　80 公克
百里香　3 公克
水餃皮　12 片
檸檬皮　5 公克

調味料

鹽　適量
白胡椒粉　適量
橄欖油　60 毫升

1 南瓜洗淨去皮切細丁。

2 蘑菇洗淨擦乾切細丁。

3 起鍋加入一半的橄欖油炒蘑菇細丁，先加入少許的鹽讓蘑菇出水，等快收乾前再放入南瓜細丁。

4 炒至南瓜變軟再加入百里香、白胡椒粉拌炒好放涼。

5 再把餡包入水餃皮裡，用少許的水封口。

6 準備水燙餃子，燙熟撈起後淋上另一半的橄欖油再灑上檸檬皮即完成。水滾加鹽再燙餃子，可減少麵粉味。

Tips

最後灑上檸檬皮可增添香氣，但請注意只使用綠色的皮，不要有白色的部分。檸檬皮白色的部位帶有苦味。

彩椒米飯煎

Saute peppers with rice

材料

紅甜椒	20 公克
黃甜椒	20 公克
青椒	10 公克
大蒜	3 公克
荷蘭芹	2 公克
白飯	120 公克
雞蛋	1 顆

調味料

鹽	適量
白胡椒粉	適量
橄欖油	50 毫升

1. 紅甜椒、黃甜椒、青椒切成碎。
2. 大蒜、荷蘭芹切碎備用。
3. 用橄欖油炒大蒜碎，炒香後放入①的甜椒碎炒軟即可。
4. 再把雞蛋打散和白飯拌在一起，再放入炒好的甜椒碎和切碎的荷蘭芹、鹽、白胡椒粉拌勻。
5. 準備平底鍋放入橄欖油加熱，把拌勻的米飯放入平底鍋中煎，煎至兩面上色即完成。

Tips

可直接使用熱的白飯。

Lindemans
Lindemans

洋蔥三明治

Onion sandwich

材料

洋蔥 160 公克
吐司 3 片
雞蛋 2 顆
沙拉油 80 毫升
香菜 5 公克

調味料

鹽 適量
白胡椒粉 適量
糖 3 公克
荳蔻粉 2 公克

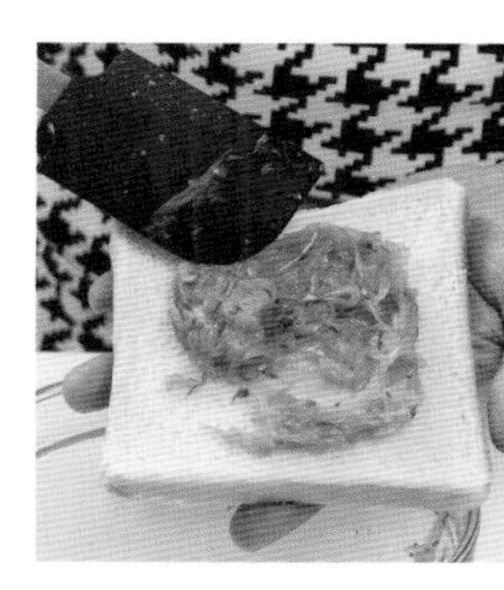

1 洋蔥切絲，香菜切碎備用。

2 起鍋加入少許沙拉油以中火炒香洋蔥，加入糖、荳蔻粉、鹽、白胡椒粉調味後，再拌入香菜碎，即可放涼。

3 將炒好的②塗抹在吐司上，三片夾在一起。

4 雞蛋打成蛋液。

5 再把吐司泡在蛋液裡。

6 準備平底鍋加入沙拉油以中火煎吐司，兩面煎上色後拿起切成兩半即完成。

Tips

洋蔥一定要炒到上色而且變軟甜味才會出來，
炒洋蔥的火勿開太大，慢慢的炒才不會變苦。

胡蘿蔔拌蘋果襯吐司

Carrot-apple salad with toast

材料

胡蘿蔔 100 公克
蘋果 1 粒
檸檬 1 粒
白吐司 2 片
大蒜 3 公克
荷蘭芹 3 公克
蝦夷蔥 3 公克

調味料

鹽 適量
黑胡椒碎 適量
原味優格 80 公克
橄欖油 20 毫升

1 胡蘿蔔去皮刨絲放入大碗中。

2 檸檬擠汁備用。

3 荷蘭芹、蝦夷蔥、大蒜切成碎。

4 將蘋果去皮去核切成薄片，並泡在檸檬水中以防變色。泡完後要將蘋果上殘留的水分吸乾。

5 白吐司烤過去邊切成三角形。

6 將優格、鹽、黑胡椒碎、橄欖油、大蒜碎拌勻。

7 再把胡蘿蔔絲、蘋果片放入⑥裡拌勻。

8 上灑荷蘭芹碎、蝦夷蔥碎，旁附烤過的白吐司即完成。

Tips

如買不到蝦夷蔥可換成比較細的青蔥。

LE CREUS

香炒鮮菇毛豆佐法式麵包

Pan fry edamame and chinese mushroom with crusty french bread

材料

新鮮香菇	30 公克
蘑菇	30 公克
大蒜	5 公克
洋蔥	10 公克
番茄	20 公克
毛豆仁	30 公克
百里香	3 公克
迷迭香	3 公克
九層塔	3 公克
法式麵包	3 片
橄欖油	30 毫升

調味料

鹽	適量
白胡椒粉	適量

1 新鮮香菇、蘑菇切丁、大蒜、洋蔥切碎備用。

2 番茄去皮去籽切丁、毛豆仁燙過去皮。

3 百里香、迷迭香、九層塔切碎。

4 法式麵包先塗 10 毫升橄欖油烤上色備用。

5 起鍋用橄欖油以中火炒香大蒜、洋蔥碎、新鮮香菇、蘑菇丁。

6 再加入番茄丁、毛豆仁和三種切碎的香料，接著加鹽、白胡椒粉調味，最後把炒好的料放在法式麵包上即完成。

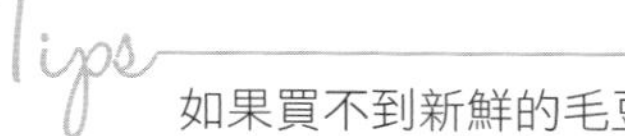

如果買不到新鮮的毛豆仁，可買冷凍的毛豆仁來替代。

綜合野菜握壽司

Vegetable nigiri

材料

煮熟壽司飯	160 公克
筍子	20 公克
紅甜椒	20 公克
黃甜椒	20 公克
酪梨	20 公克
柳松菇	20 公克
綠花椰	20 公克
西洋菜	20 公克
橄欖油	20 毫升
嫩薑	15 公克

調味料

鹽	適量
白胡椒粉	適量

1 筍子切片，紅、黃甜椒用火燒過去皮洗淨。

2 酪梨切片，柳松菇洗過備用。

3 綠花椰去纖維切成小朵備用。

4 西洋菜取嫩葉備用，嫩薑去皮切細末。

5 ①先用嫩薑末和橄欖油、鹽、白胡椒粉醃過，之後用煎鍋微煎上色。

6 綠花椰燙熟拌少許的橄欖油。

7 柳松菇用少許的油煎過備用。

8 煮熟壽司飯分成七份用手握成形，再把所有烹調過的野菜放在飯上即完成。

Tips

壽司的材料，可依據個人喜好，使用當季出產的食材。

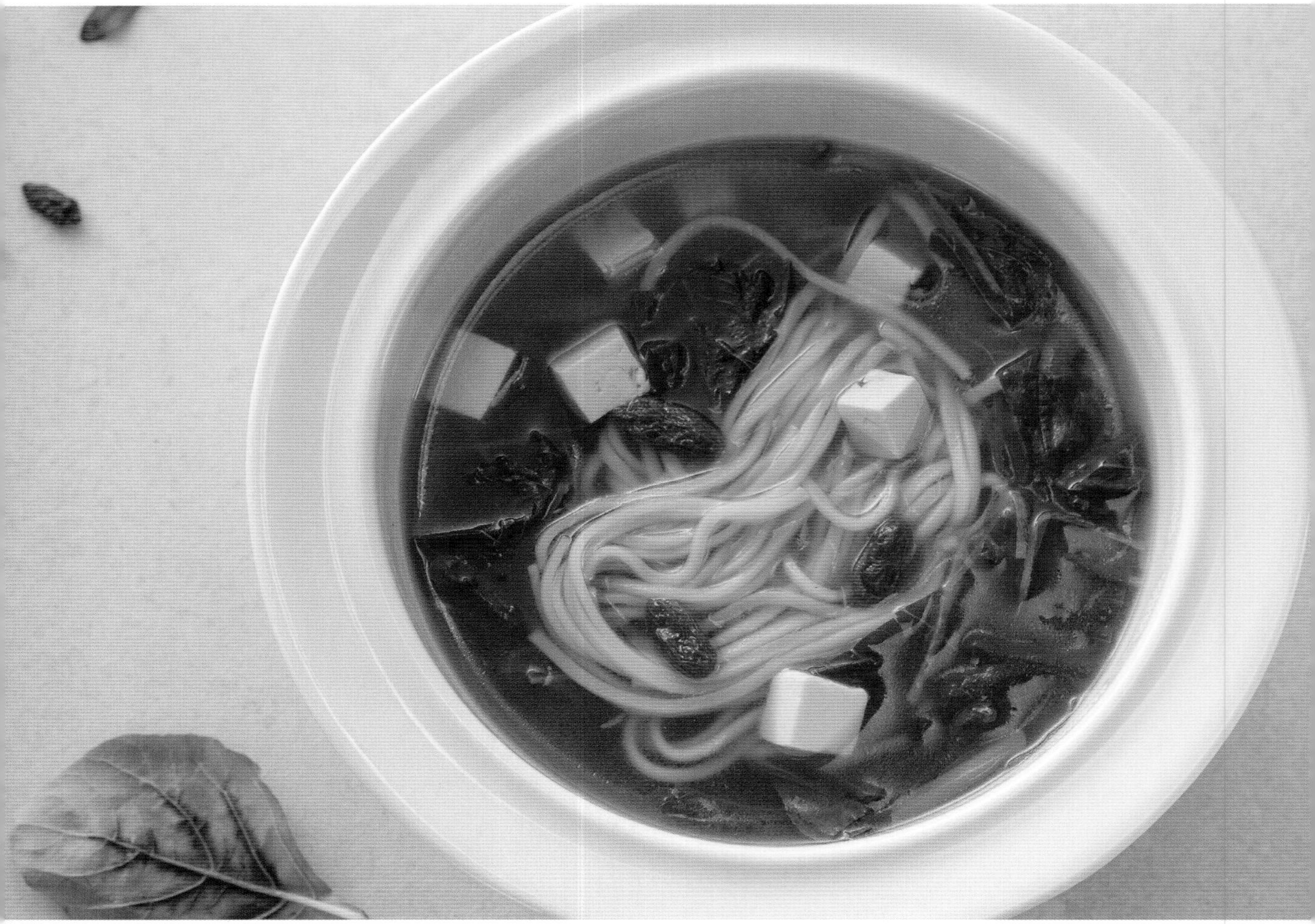

莧菜豆腐麵線

Amaranth tofu miswa

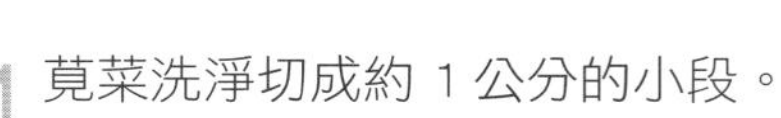

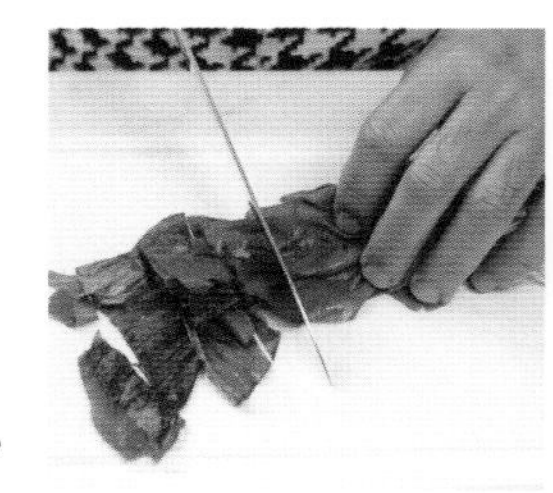

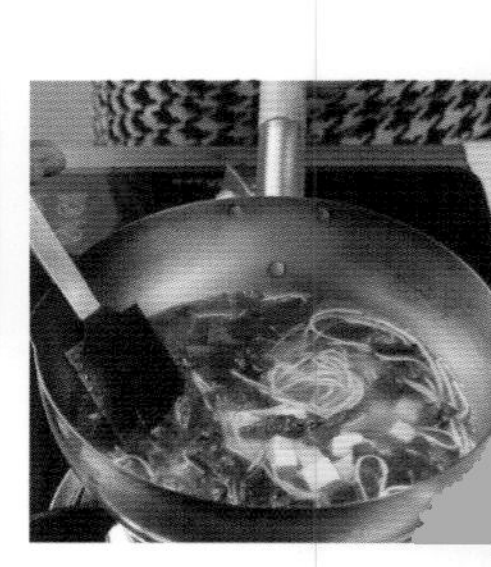

材料

莧菜　120 公克
豆腐　1 盒
麵線　80 公克
嫩薑　5 公克
枸杞子　3 公克

調味料

胡麻油　20 毫升
鹽　適量
白胡椒粉　適量
水　350 毫升

1 莧菜洗淨切成約 1 公分的小段。

2 豆腐切成小塊，嫩薑切絲備用。

3 枸杞子泡水備用。

4 起鍋放入胡麻油炒香薑絲、莧菜。

5 放入水煮開後加入麵線、豆腐。

6 放入鹽、白胡椒粉調味，最後加入枸杞子即完成。

Tips

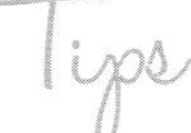

豆腐用板豆腐不要用嫩豆腐，因板豆腐的口感比較好且不易破掉。

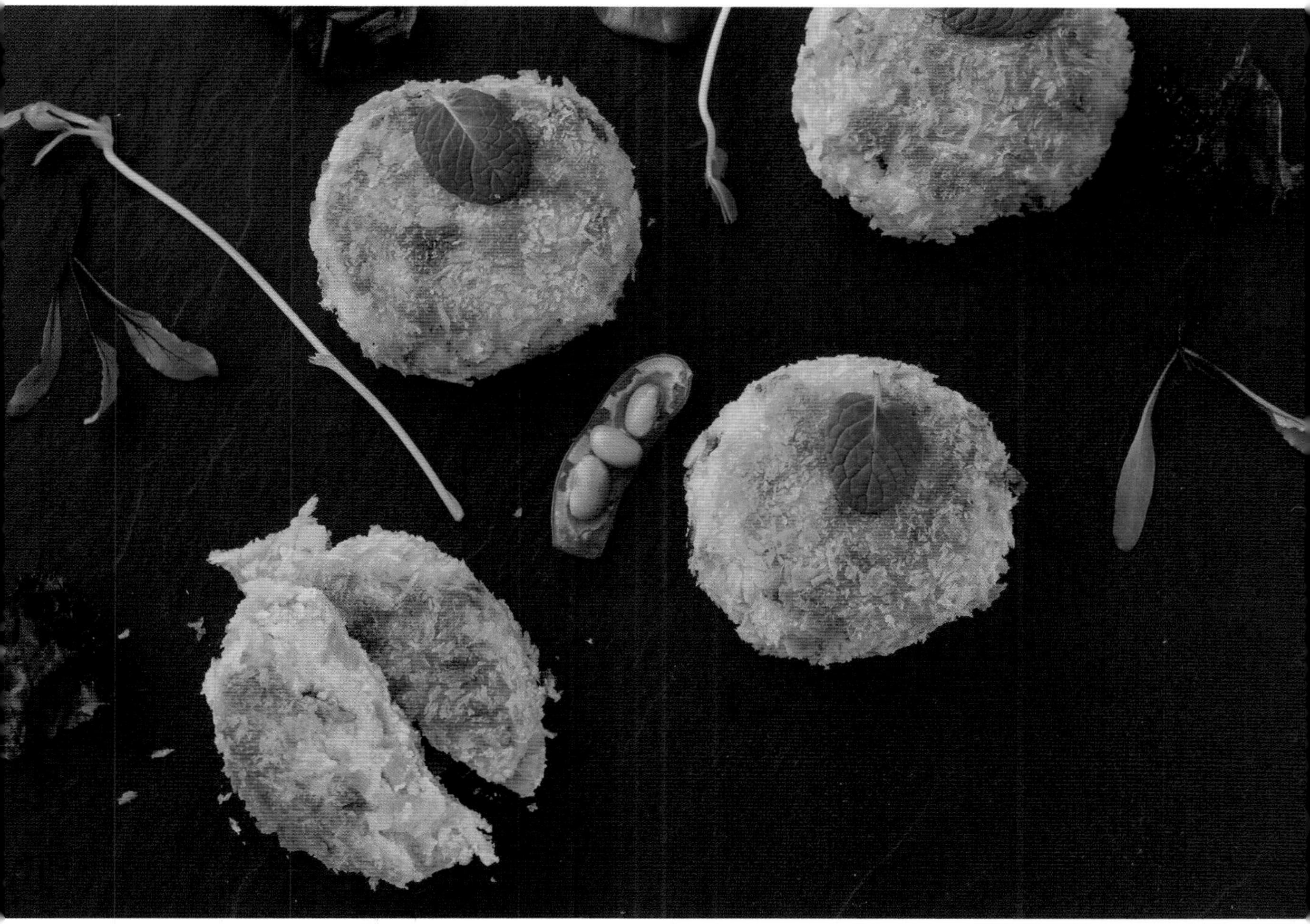

豆腐鮮蔬可樂餅

Tofu and vegetable croquette

材料

板豆腐	100 公克
馬鈴薯	80 公克
新鮮香菇	30 公克
青江菜	30 公克
洋蔥	40 公克
雞蛋	1 顆
麵粉	60 公克
麵包粉	80 公克
橄欖油	20 毫升

調味料

鹽	適量
白胡椒粉	適量

1 先將馬鈴薯洗淨，放入電鍋蒸約 25 分鐘，熟後搗成泥。

2 板豆腐搗成泥後用紗布瀝乾水份。

3 新鮮香菇、青江菜、洋蔥切成小丁。雞蛋打成蛋液。

4 起鍋加入橄欖油炒香洋蔥、新鮮香菇、青江菜，加入鹽、白胡椒粉調味後放涼。

5 把①加②加④拌均勻後，做成圓餅狀，沾麵粉、蛋液、麵包粉。

6 起鍋放入橄欖油加熱以中火煎可樂餅，兩面上色再放入烤箱以 160 度烤約 8 分鐘即完成。

Tips

馬鈴薯用電鍋蒸會比較快熟。

涼拌羅勒乳酪管麵

Penne with basil and cheese

材料

管麵　120 公克
番茄　50 公克
新鮮乳酪　40 公克

調味料

羅勒　80 公克
大蒜　10 公克
松子　20 公克
乳酪粉　10 公克
橄欖油　100 毫升
鹽　適量
白胡椒粉　適量

1 管麵先用熱水煮約 12 分鐘後瀝乾水份備用。

2 番茄去皮去籽切丁、新鮮乳酪切丁備用。

3 把所有的調味料用調理機打成泥。

4 再把①和②和③全部拌在一起即完成。

Tips

管麵煮好瀝乾水份後一定要攤開放，不然會因為熱度造成管麵太軟。

草莓玉米福袋堅果飯

Strawberry and nuts with rice

材料

草莓	3 粒
玉米粒	30 公克
葡萄乾	10 公克
紫蘇葉	5 公克
什錦堅果	10 公克
煮熟白飯	100 公克
腐皮袋	3 個

調味料

味醂	10 毫升
葵花油	20 毫升
鹽	適量
白胡椒粉	適量

Tips

買不到新鮮的紫蘇葉，可在傳統市場或雜貨店買乾燥紫蘇粉即可。

1 草莓先用水泡過洗淨。

2 什錦堅果、紫蘇葉切碎備用。

3 把煮熟白飯放入鍋內、再拌入玉米粒、葡萄乾、味醂、鹽、白胡椒粉、什錦堅果、葵花油拌勻。

4 拌好後把飯鑲入腐皮袋，最後撒上紫蘇葉碎並放上草莓即完成。

Saute combination pancake

什蔬煎餅

材料

胡蘿蔔	20 公克
草菇	20 公克
長豆	20 公克
豆芽菜	20 公克
青蔥	20 公克
雞蛋	一顆
水	150 毫升
蔬菜油	20 毫升

調味料

在來米粉	75 公克
糖	5 公克
鹽	2.5 公克

1 胡蘿蔔切絲、草菇切片、長豆切片、豆芽菜切小段、青蔥切蔥花備用。

2 把胡蘿蔔絲、草菇片、長豆片、豆芽菜段全部燙過瀝乾水份。

3 把在來米粉、糖、鹽拌勻，加入雞蛋、水攪拌，再把②加入並灑上青蔥花。

4 起平底鍋放入蔬菜油，再把煎餅料放入煎至兩面上色即完成。

Tips

* 材料的水份一定要瀝乾再放入在來米粉內攪拌，如果沒瀝乾煎出來的顏色不但不好看，還會出水。

** 可以沾市售的甜辣醬。

材料

芋頭 100 公克
新鮮香菇 50 公克
紅蘿蔔 30 公克
中芹 20 公克
水餃皮 12 片
嫩薑 10 公克

調味料

鹽 適量
白胡椒粉 適量
橄欖油 20 毫升

芋香蔬菜餃

Taro and vegetable dumplings

1 芋頭洗淨、去皮蒸熟打成泥。

2 新鮮香菇、紅蘿蔔、中芹、嫩薑都切碎。

3 起鍋加入橄欖油，炒香新鮮香菇、嫩薑、紅蘿蔔、中芹，加入鹽、白胡椒粉調味，再和芋頭泥拌在一起。

4 最後用水餃皮包起，用熱水燙熟即完成。

Tips

削芋頭時保持手和芋頭的乾燥，或帶手套進行才不會發癢。

Questions & Answers
蔬食問與答

健康飲食風潮吹起，大家開始重視蔬食熱量少但富含維生素、礦物質的特質。然而，若食用的觀念不正確，有可能導致營養大打折扣。為此，本書設計了蔬食的 What and How，讓我們得以更聰明地食用蔬果，打造健康新生活！

◆蔬食是什麼？

Question： 何謂「蔬食料理」？

Answer 所謂的「蔬食」顧名思義，就是不食用肉類，只吃蔬菜水果的一種近年來興起的飲食風格。若能夠長期、持續的食用天然無汙染的生鮮蔬果，可以藉此排除掉體內累積的毒素與廢物，打造更良好、更健康的體質。目前已經有許多人為了健康與環保的考量不再吃肉，改從蔬菜中攝取每日所需的營養。

Question： 吃蔬食的好處？

Answer 蔬菜中含有大量纖維質，有助腸胃蠕動，幫助排便防止便秘，亦可促進身體的代謝，還可以攝取到大量的天然維生素、鉀、鈣、鐵等營養。不僅可以達到維持體重、養顏美容，也可淨化血液與腸道、預防慢性病。另外，少吃肉類也有助於減少二氧化碳的排放。有研究指出，51% 的溫室氣體排放是來自畜牧業，若有越來越多人一起加入「蔬食料理」的行列，相信對地球環境保育也會有明顯的幫助。

◆蔬食怎麼吃？

Question：「蔬食料理」會不會很沒味道？

Answer 一道菜是否吃起來美味，是取決於烹調的手法以及調味的方式。只要充分掌握食材特性，搭配生活中的常見香料與調味品，只有蔬菜的料理一樣非常可口。特別是蔬果有其原本的生長季節，在適合生長的季節裡培育出來的蔬果，抵抗力強農藥少，而且當季蔬果的滋味，通常也勝過非當季產出的蔬果美味。選購當令蔬果，輔以適量調味料，無肉料理還是很好吃！

Question：「蔬食」要怎麼吃？

Answer 其實要將原本的飲食習慣改成食用蔬食並不是什麼困難的事情。只要把每天菜色中的肉類換成生鮮蔬果類，烹調方法都不需改變，也可以憑喜好自由添加調味料。食用蔬食可以因應「當令季節」，選擇自己喜歡吃的。雖然現在農業改良的技術發達，想要吃到非當令的蔬果並非難事，但是由於非當令的蔬果在不適合的季節裡較不易生長，需使用較多農藥，農產品價格也會較貴，因此建議大家選購當令蔬果是最好。

Question：改吃蔬食…營養夠均衡嗎？

Answer 不吃肉類改吃蔬菜水果，並不會造成營養不均衡。因為肉類中的營養，也可以從蔬菜中攝取到。經過研究證實，蔬菜能提供的營養比肉類還豐富，所以要達到營養均衡不一定非得食用肉類。其實現代人的營養大多過剩了，減少大魚大肉，並多食用蔬菜水果，對身體絕對比較友善。

Question：常吃蔬食料理是否能有效幫助新陳代謝或排毒？

Answer 蔬食料理富含膳食纖維，其調理方式也較為清淡，當人體獲得較高的營養以及不額外吸收太多化學加工食品、過量的調味辛香料，的確是有助於清腸胃、促進排毒的效果。不過，以營養學的觀點來看，長期只攝取某種食材也會造成營養失衡，因此，建議讀者可以適量斟酌次數來達到所需的效果。

Question：腸胃較敏感的人，適合蔬食料理嗎？

Answer 其實人類的腸胃較適合蔬食料理，現代人的生活步調快、壓力大，三餐都外食的族群不少，無形間給腸胃帶來不小的負擔。蔬食料理以蔬果為主要食材，因此，只要避開會讓自己過敏的食物，蔬食料理是不會造成腸胃負擔的。

Questions & Answers
蔬食問與答

◆蔬果怎麼買？

Question： 如何選購蔬菜與香草？

Answer 當我們在大賣場或超市購買有機蔬果時，可以留意一下外包裝上所標示的資訊，例如是否標有國家標章或有機能產品的認證？其他像是產品的成分名稱、有效日期、廠商名稱、地址、電話等詳細資訊。

另外，也可以到專門販售有機蔬果的商店購買，對於蔬果來源也可以詳細詢問店家服務人員。

想要選擇新鮮、衛生、品質佳的蔬菜，大家可以掌握以下幾點：

1. 根莖類蔬菜挑外表無凹凸、傷痕，表皮不會過乾、整體看起來肥厚的。
2. 葉菜類蔬菜挑菜葉完整無破損腐爛、顏色青綠無枯黃、有少許蟲孔的。
3. 花菜類蔬菜選花蕾小呈珠粒狀且茂密、花梗青綠的較佳。
4. 果菜類蔬果選擇大小適中、外皮光亮者，果實形狀無奇特凹凸、瓜紋。

Question： 蔬菜的事前處理與如何保存？

Answer 蔬菜中有許多營養素是屬於水溶性的，所以千萬不要先切後洗。切小塊的蔬菜再經過清洗會使營養素大量流失，正確的作法是要烹調之前拿出來清洗後再切成適當大小。買回來的蔬菜若要放冰箱冷藏時要注意，大多數的蔬菜適合的保存溫度為 3℃ ~10℃，冷藏溫度過低會破壞蔬菜的組織構造與風味。

◆蔬食如何處理？

Question：如何有效清洗殘留在蔬果上的農藥

Answer 說到清洗蔬果，我們很容易有一個印象就是使用「鹽巴」沖洗，其實這是錯誤的清洗方式。由於鹽巴的性質會讓農藥產生定著，因此，反而僅使用大量清水沖洗才最乾淨！建議大家可以在水龍頭下，使用流動的水沖洗，或者，用太白粉搓一搓之後再沖洗，才是乾淨又正確的清洗方式喔！

Question：如何防止蔬果中的營養在烹煮過程中流失？

Answer 蔬菜中含有許多營養素，但常常因為不正確的吃法或烹煮法，導致營養流失或遭到破壞，這樣非常可惜，切記不要長時間烹煮。由於蔬菜中的維生素 C 遇熱容易氧化分解，用汆燙或是滾水加蓋短時間燜煮，較能保留蔬菜的營養素。

Question：汆燙蔬菜時要注意那些

Answer 要請大家特別注意，蔬菜只要泡水或是烹煮三分鐘以上，蔬菜當中的營養成分就會流失。若想避免這樣的情況，只要在滾水中加一點食鹽，可以減緩蔬菜的營養流失。酸性物質會使綠色蔬菜變黃，若想要防止蔬菜變色，可以加入少許的小蘇打。另外，汆燙時淋一點油可防止蔬菜燙好後萎縮。

Question：關於烹調，是否有限定溫度？一定要低溫烹調嗎？

Answer 長久以來，台灣人的烹煮習慣總喜歡使用「大火快炒」，認為這樣較能將食物炒得香噴入味，才算得上是一道色香味俱全的料理。不過，其實有些食材和油品並不適合以太高的溫度烹煮，過度高溫反而會讓食物的營養流失，或者產生一些毒素等有害物質，因此，建議以低溫烹調來調理，除了可以留住食材營養，對身體也不會造成太大的負擔。

Index 食材索引

元極有機蔬菓耕學農場

・有機認證・維護生態・體驗自然・

位於北投區桃源里，遠眺台北市中心。從山坡地開闢為有機蔬果休閒農場，約一甲多的範圍，規劃成蔬菜區、竹筍區、保健植物區、教學棚等，沿著步道可進行園區內植物解說，還特別設計了竹筒飯、艾草糕、仙草凍等 DIY 活動，讓遊客從實做中體會大自然的奧妙與樂趣。

聯絡人：薛蘭瑛

E-mail：yuanjifarm@gmail.com

Facebook：元極有機蔬菓耕學農場

元極農場部落格：

http://blog.yam.com/user/yuanjifarm.html

（封面場地提供：元極有機蔬菓耕學農場）

TITLE

日々吃得很清新　勃攸老師的自然蔬食廚房

STAFF

出版　瑞昇文化事業股份有限公司
作者　林勃攸

總編輯　郭湘齡
文字主編　王瓊苹
文字編輯　林修敏　黃雅琳
美術編輯　謝彥如
排版　謝彥如
製版　明宏彩色照相製版股份有限公司
印刷　桂林彩色印刷股份有限公司
法律顧問　經兆國際法律事務所　黃沛聲律師

戶名　瑞昇文化事業股份有限公司
劃撥帳號　19598343
地址　新北市中和區景平路464巷2弄1-4號
電話　(02)2945-3191
傳真　(02)2945-3190
網址　www.rising-books.com.tw
Mail　resing@ms34.hinet.net

初版日期　2014年7月
定價　320元

國家圖書館出版品預行編目資料

日々吃得很清新：勃攸老師的自然蔬食廚房 / 林勃攸著. -- 初版. -- 新北市：瑞昇文化, 2014.07
160　面；19*26　公分
ISBN 978-986-5749-55-2(平裝)

1.蔬菜食譜

427.3　103010926